AF329681

NOTE

SUR

L'APPAREIL PLONGEUR

ROUQUAYROL

A AIR COMPRIMÉ

ET

SUR SON EMPLOI DANS LA MARINE

PAR

A. DENAYROUSE

Lieutenant de vaisseau.

Accompagné de plusieurs figures gravées sur bois.

PUBLICATION AUTORISÉE PAR S. EXC. M. LE MINISTRE DE LA MARINE
ET DES COLONIES.

PARIS

ARTHUS BERTRAND, ÉDITEUR

LIBRAIRIE MARITIME ET SCIENTIFIQUE

rue Hautefeuille, 21.

NOTE

L'APPAREIL PLONGEUR

ROUQUAYROL.

Paris. — Imprimé par E. Thunot et C⁰, rue Racine, 26.

NOTE

SUR

L'APPAREIL PLONGEUR

ROUQUAYROL

A AIR COMPRIMÉ

ET

SUR SON EMPLOI DANS LA MARINE

PAR

A. DENAYROUSE

Lieutenant de vaisseau.

Accompagné de plusieurs figures gravées sur bois.

PARIS

ARTHUS BERTRAND, ÉDITEUR

LIBRAIRIE MARITIME ET SCIENTIFIQUE

rue Hautefeuille, 21.

1865

AVANT-PROPOS.

La marine a manqué jusqu'à ce jour d'un appareil permettant de pénétrer rapidement sous la carène des navires et de s'y livrer à l'aise aux travaux nécessités par les éventualités de la navigation.

Les progrès de la science ont rendu cette lacune encore plus sensible. Les navires à grande vitesse, les bâtiments cuirassés ont souvent besoin de visiter minutieusement leur carène. Je crois que l'appareil dont je donne ici la description répond parfaitement aux besoins de la marine. Il est dû aux travaux persévérants d'un de mes compatriotes, M. Rouquayrol, ingénieur des mines.

Cette machine est l'objet de mes études et de mes essais depuis plus d'un an. J'ai tâché de l'environner de toutes les garanties désirables de sûreté et de simplicité. Ce sont là des qualités indispensables à un appareil qui a la prétention de devenir d'un usage journalier à bord des navires.

Le but principal que je poursuis est non-seulement de donner à la marine une machine beaucoup plus simple et moins dangereuse que le scaphandre, mais encore de faire entrer dans la pratique le nettoyage fréquent et complet de la carène des bâtiments.

Après une longue série d'expériences, j'ai acquis la conviction que l'on peut, sans fatigue ni danger pour les matelots, débarrasser la coque des navires des corps étrangers qui s'y attachent.

La solution de cette question est d'une importance capitale pour les navires à hélice ; ainsi la frégate cuirassée *la Gloire* a donné d'admirables résultats de vitesse. Cependant, un an après sa sortie du port, dans une lutte avec une frégate d'un type identique, *l'Invincible*, elle eut une infériorité de marche d'un demi-nœud. Cette différence tenait à l'état de la carène de *la Gloire*. Je ne doute pas que l'avantage de *l'Invincible*, sortant du bassin, n'eût été encore plus sensible si l'on eût eu moins de soin de la carène de *la Gloire*. Mais le commandant de cette frégate, pénétré de l'importance de cette question, faisait employer constamment le scaphandre et le goret, et atténuait ainsi, par tous les moyens qu'il avait alors à sa disposition, ce fâcheux inconvénient du fer des carènes des bâtiments.

Les grands paquebots des messageries impériales, affectés au service de l'Indo-Chine, ont vu diminuer rapidement les brillants résultats de leurs premières traversées. Dans les pays intertropicaux, les carènes sont attaquées encore plus rapidement que dans les mers d'Europe. La compagnie anglaise la Péninsulaire emploie sans relâche dans les mêmes parages, le scaphandre au nettoyage de ses navires. Des plongeurs indiens ou chinois descendent constamment à Suez, à Aden, à Hong-Kong sous les œuvres vives des bâtiments. C'est par ces soins continuels, par de coûteux passages aux bassins de Bombay et de Calcutta que des paquebots ayant sept ou huit années de services dans les mers de l'Inde conservent encore des moyennes de durées de traversée peu ordinaires. Je pense que neuf à dix régulateurs donnés à des plongeurs dans chacun des points de relâche permettraient de nettoyer très-suffisamment la carène pendant l'embarquement du charbon.

Passager à bord d'un de ces grands navires, j'ai vu obtenir une augmentation de vitesse de plus d'un demi-nœud par suite d'un nettoyage fait dans vingt-quatre heures à Singapore par quarante plongeurs qui restaient alternativement une minute sous l'eau.

Ces résultats m'ont vivement frappé et m'ont engagé à faire les essais nécessaires pour rendre l'appareil de sauvetage Rouquayrol applicable à tous les navires et susceptible d'être mis entre les mains des hommes les moins exercés. Mes études me paraissant aujourd'hui terminées et l'appareil prêt à entrer dans la pratique, je résume dans cette note les résultats obtenus pour les soumettre à l'appréciation des marins et au jugement de l'expérience.

On trouvera peut-être quelques détails sur l'emploi de l'appareil trop simples et trop minutieux, mais comme cette machine est destinée à fonctionner entre les mains des sous-officiers et des matelots, j'ai voulu atténuer le danger de fausses interprétations qui pourraient dans certains cas compromettre la vie des hommes employés à des travaux sous-marins.

NOTE

SUR

L'APPAREIL PLONGEUR

ROUQUAYROL.

PREMIÈRE PARTIE.

CHAPITRE PREMIER.

PRINCIPE SUR LEQUEL REPOSE L'APPAREIL ROUQUAYROL. — DESCRIPTION SOM-
MAIRE DU RÉGULATEUR. — JEU DU RÉGULATEUR. — FONCTIONNEMENT DE
L'APPAREIL DE RESPIRATION. — ASPIRATION. — EXPIRATION. — PHÉNOMÈNES
DE RESPIRATION CHEZ L'HOMME A L'AIR LIBRE. — RESPIRATION DANS L'AIR
COMPRIMÉ. — RÉSUMÉ.

**Principe sur lequel repose l'appareil Rouquay-
rol**. — Lorsqu'un homme plonge sous l'eau, il est soumis à une pression qui varie avec le degré de profondeur.
Pour que l'homme puisse vivre, ou, ce qui est synonyme,
pour que ses poumons puissent fonctionner, il est nécessaire que l'air respiré soit à une pression égale à la pression
ambiante. Si les poumons renfermaient de l'air à une pression trop faible pour faire équilibre à la pression extérieure
qui s'exerce sur le corps, il est évident que la poitrine serait
écrasée. D'un autre côté, si l'air respiré avait une pression
plus élevée, le poumon serait déchiré.

Ainsi le problème à résoudre pour faire vivre et travailler

l'homme sous l'eau se présente d'abord sous ce premier point de vue : Trouver un appareil qui fournisse de l'air à une pression variable avec les mouvements du plongeur, mais toujours égale à la pression ambiante.

Description sommaire du régulateur. — L'appareil de respiration qui résout cette question se compose d'un réservoir à air comprimé R en fer ou en acier pouvant résister à une très-forte pression et qui est muni d'une boîte régulatrice de l'émission de l'air ou chambre à air B.

La chambre à air est située au-dessus du réservoir d'air comprimé. Elle est fermée au-dessus par un plateau en bois ou en métal d'un diamètre moindre que le diamètre intérieur de cette chambre. Le plateau est recouvert d'une feuille de caoutchouc ou de cuir souple d'une surface plus grande que celle du plateau.

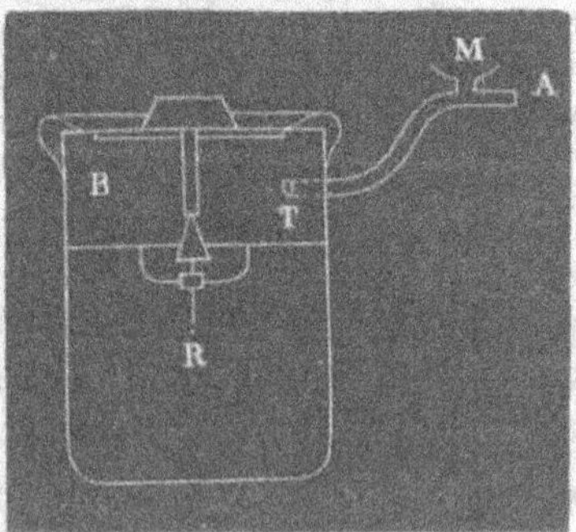

Fig. 1. — Régulateur.

Cette calotte relie hermétiquement ce dernier aux parois verticales de la chambre. On voit qu'il est susceptible de céder à une pression soit extérieure, soit intérieure. Il s'abaisse dans le premier cas et s'élève dans le second.

Entre le réservoir et la chambre à air la communication s'établit par un orifice de quelques millimètres de diamètre fermé par une soupape conique, qui s'ouvre de haut en bas.

Enfin, le plateau de la chambre à air supporte à sa face inférieure une tige métallique dont l'axe se confond avec celui de la soupape.

Jeu du régulateur. — Si l'on envoie de l'air comprimé dans le réservoir, sa force élastique fait fermer la soupape conique et la pression monte dans ce récipient.

Supposons qu'on place un poids K sur l'unité de surface du plateau, tel qu'il force la soupape à s'ouvrir. L'air comprimé se précipitera dans la chambre à air et agissant sous le plateau, il produira un effort tendant à soulever le poids K.

Soit S la surface du plateau.

s la surface de la soupape conique.

p la pression dans le réservoir.

p' la pression dans la chambre à air.

L'effort tendant à abaisser le plateau est KS ; l'effort résistant est

$$p'S + ps.$$

Il y aura équilibre lorsqu'on aura

$$KS = p'S + ps,$$

d'où

$$p' = \frac{KS - ps}{S} = K - p \times \frac{s}{S};$$

on voit donc qu'en prenant s suffisamment petit par rapport à S, condition très-facile à réaliser entre deux surfaces, on aura sous le plateau une pression à très-peu de chose près égale à celle qui s'exerce au-dessus.

Si l'on ouvre une issue à l'air de la chambre, cet air s'écoule au dehors. La pression p' diminue, la soupape conique tend à s'ouvrir, mais l'air pénètre alors sous le plateau, vient rétablir l'équilibre, et l'on a un écoulement de gaz constant et que l'on peut régler en établissant dans un rapport convenable le poids K et les surfaces S et *s*.

Fonctionnement de l'appareil de respiration.
— Ainsi donc, l'appareil nous donne un écoulement de gaz à une pression constante.

Appliquons ce principe à la respiration. Un tuyau d'aspiration T est fixé sous la chambre à air. L'ouvrier, ayant chargé son régulateur sur le dos, l'air comprimé applique la soupape conique sur son siége, la chambre à air a au-dessus et au-dessous du plateau de l'air à une atmosphère, tout est en équilibre. Dès que l'ouvrier a placé entre ses dents le tuyau de respiration (le nez étant bouché par un moyen quelconque), il aspire par le tuyau en caoutchouc une partie de l'air contenu dans la boîte. Aussitôt la pression atmosphérique pèse sur le plateau comme le poids K, le caoutchouc cède et la pression force le plateau à descendre. La tige appuyant sur la soupape oblige celle-ci à dégager l'orifice de communication. L'air du réservoir se précipite dans la chambre, le tuyau d'aspiration, le poumon de l'ouvrier et rétablit l'équililibre.

L'aspiration cessant, la soupape est fermée en vertu de l'excès de pression du réservoir d'air, elle intercepte de nouveau la communication entre le réservoir et la chambre à air. La tige force le plateau à remonter. L'aspiration suivante renouvelle le jeu qui vient d'être décrit.

On voit donc que cet appareil donne exactement la quantité d'air nécessaire à la respiration. L'aspiration, en détruisant l'équilibre entre la pression extérieure et la pression intérieure, fait que la première, qui l'emporte, agit comme le poids K et aussitôt que la dilatation du poumon cesse, la soupape conique est instantanément fermée par l'excès de pression du réservoir d'air.

Lorsque l'expiration a lieu, la soupape S, formée d'un simple clapet en caoutchouc, s'ouvre sous l'effort du poumon

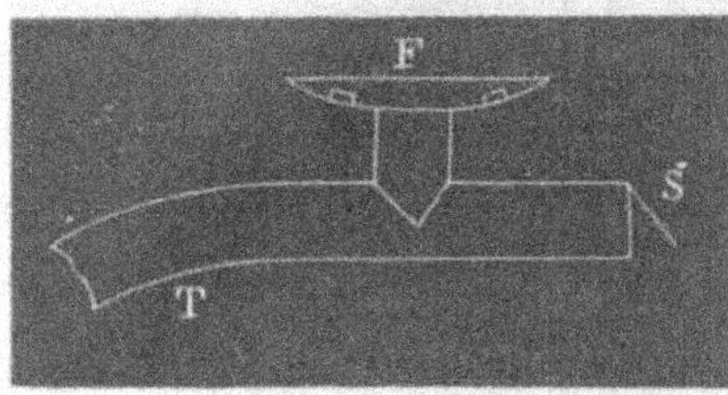

Fig. 2. — Soupape d'expiration.
(Échelle au 1/5.)

et laisse passer une partie de l'air expiré. L'autre partie revient sous le plateau, se mélange avec l'air pur de la chambre à air et de l'inspiration suivante. On pourrait aisément l'expulser en entier, mais l'expérience et le calcul prouvent que l'on peut respirer deux fois le même air, et il y a ainsi une économie importante dans certains cas.

Aspiration. — L'aspiration a lieu sans effort, à cause du principe du régulateur.

Choisissons en effet des exemples extrêmes tirés de la pratique.

Supposons un homme plongé à 20 mètres avec un appareil à basse pression.

La pression à cette profondeur ou $K = 3097$ grammes, la pression de l'air dans le réservoir est au moins de quatre atmosphères.

$p = 4130$ grammes par centimètre carré.

Le plateau a 20 centimètres de diamètre.

Sa surface $S = 315$ centimètres carrés.

La surface de la soupape conique a environ 7 millimètres de diamètre.

Sa surface $s = 0^{cent.\,car.},380$.

On a pour valeur de la pression de l'air débité par la chambre :

$$x = 3097 \text{ grammes} - 4130\,\frac{0,380}{315},$$

$$x = 3097 \text{ grammes} - 4^{g},98.$$

On voit donc que la pression de l'air débité par le régulateur ne diffère de la pression exercée sur le poumon que d'une quantité insignifiante de 5 grammes environ.

Soit par exemple un appareil à haute pression dans lequel la pression dans le réservoir

$$p = 40 \text{ atmosphères,}$$

ou

$$p = 41300 \text{ grammes par centimètre carré.}$$

Supposons le plongeur à 10 mètres.

Dans les appareils à haute pression, le plateau est un peu plus grand. Il a de 25 à 30 centimètres de diamètre.

$$S = 700 \text{ centimètres carrés.}$$

La soupape conique a $3^{\text{mill.}},5$ de diamètre, ou

$$s = 0^{\text{cent. car.}},09,$$

à 10 mètres la pression ambiante, ou

$$K = 2065 \text{ grammes.}$$

Nous aurons alors pour valeur de la pression de l'air dans la chambre

$$x = 2065 \text{ grammes} - \frac{41300 \times 0,09}{700},$$
$$x = 2065 \text{ grammes} - 5^{\text{g}},30.$$

On voit donc que même dans les cas extrêmes :

L'air est fourni au poumon exactement à la pression ambiante. L'aspiration a donc lieu sans effort. Le poumon ne reçoit que la quantité d'air dont il a exactement besoin.

Expiration. — Supposons le plongeur à une profondeur de 3o mètres, c'est-à-dire soumis à une pression ambiante de 4x3o grammes par centimètre carré.

Nous venons de voir que son poumon fonctionne et contient par conséquent de l'air à la pression ambiante, c'est-à-dire de l'air à quatre atmosphères. Le clapet d'expiration est soumis à la même pression au dedans et au dehors. Il s'ouvre donc comme à l'air libre si le poumon rejette l'air. La pression extérieure le referme si le poumon aspire de nouveau.

Phénomènes de la respiration chez l'homme à l'air libre. — La respiration chez l'homme se compose de trois temps :

Un mouvement d'aspiration ;

Un mouvement d'expiration ;

Un temps d'arrêt.

Les traités de physiologie les plus autorisés fixent pour ces trois temps un intervalle de 3 secondes 75 centièmes.

Il en résulte que le nombre des aspirations est de 16 par minute.

La quantité d'air inspiré varie, suivant les physiologistes, dans des proportions assez notables depuis 1 demi-litre jusqu'à trois quarts de litre par inspiration.

L'expiration suit immédiatement l'inspiration, et est un peu plus longue. C'est entre l'expiration et l'inspiration suivante qu'a lieu le temps d'arrêt dont nous avons parlé.

Tels sont les phénomènes de la respiration chez l'homme à l'air libre.

Respiration dans l'air comprimé. — Les phénomènes de la respiration dans l'air comprimé sont à peu près les mêmes qu'à l'air libre. L'air comprimé est plus favorable que nuisible aux fonctions respiratoires. Le nombre des inspirations paraît diminuer dans l'air comprimé.

Les considérations qui précèdent nous seront utiles pour calculer les dimensions des appareils.

Résumé. — Le régulateur résout donc le problème qui a été posé au commencement de ce chapitre :

Trouver un appareil donnant exactement la quantité d'air nécessaire à la respiration et toujours à la même pression que celle qui s'exerce sur le corps du plongeur. Il renferme en même temps une idée aussi nouvelle qu'importante dans la pratique :

L'utilisation d'une force vitale pour déterminer un mouvement alternatif.

C'est, je crois, la première fois qu'on a eu l'idée d'employer un organe aussi délicat que le poumon à produire, sans aucun effet nuisible pour la respiration, un travail utile. Quand le régulateur Rouquayrol fonctionne, on voit au plus léger mouvement de dilatation ou de contraction de la poitrine correspondre un mouvement de soulèvement ou d'abaissement du plateau. Cet appareil constitue donc un *véritable tiroir* de distribution d'air mis en mouvement par le poumon, et fonctionnant par suite avec la régularité admirable de l'organe qui préside à la vie de l'homme.

CHAPITRE II.

DU MASQUE DE RESPIRATION OU FERME-BOUCHE.

———

La seconde difficulté à vaincre consistait dans la nécessité d'envoyer simplement et sûrement à la fois l'air du régulateur dans la bouche du plongeur. On se sert pour cela d'un ferme-bouche en caoutchouc vulcanisé qui se place entre les lèvres et les dents.

Fig. 3.
Ferme-bouche.
(Échelle au 1/4.)

Le tuyau d'aspiration arrive au centre du ferme-bouche.

L'air aspiré ainsi que l'air expiré passent successivement par le trou placé au centre de ce masque de respiration.

Deux appendices également en caoutchouc sont placés à droite et à gauche du trou du tuyau de respiration. Ils sont destinés à être saisis avec les dents.

Il est clair que l'eau ne pourrait pénétrer dans la bouche qu'au moment de l'aspiration; mais le premier effet de ce mouvement est d'appliquer fortement la matière élastique du caoutchouc sur les dents. Le ferme-bouche forme alors sur celles-ci un joint hermétique qui s'oppose à toute introduction de l'eau. C'est une sorte d'autoclave que la pression extérieure applique sur les dents. Dans le mouvement d'expiration, le ferme-bouche ne risque pas de s'échapper, car il est maintenu entre les gencives et les lèvres.

Les dents d'ailleurs, mordant sur les appendices du ferme-bouche, ne lui permettent aucun mouvement.

Ce ferme-bouche est très-simple et d'un emploi sûr. Il a été éprouvé par une longue pratique qui a toujours donné des résultats satisfaisants. Dans le principe, je mettais au devant de la bouche une seconde feuille de caoutchouc retenue par une boucle derrière la tête. J'ai renoncé à cette disposition, complétement inutile d'après les observations de tous les plongeurs.

On annule au moyen de cette feuille de caoutchouc une grande difficulté de l'application du régulateur aux travaux sous-marins. Sans cette disposition, il aurait fallu forcément enfermer la tête du plongeur dans un casque et revenir par suite aux complications considérables des appareils à plongeurs en usage jusqu'à ce jour dans la marine.

CHAPITRE III.

PRINCIPE DE LA POMPE A AIR.

Principe de la pompe à air. — La difficulté de comprimer l'air à une pression assez élevée a été jusqu'à ce jour considérable. Quelque parfaite que soit une garniture de piston, il arrive toujours, lorsque l'air est fortement comprimé, que ce dernier passe entre le piston et le corps de pompe. Il en résulte immédiatement une contre-pression qui détruit une partie de l'effort exercé sur les leviers des pompes et empêche d'atteindre jamais une pression très-considérable.

Le principe qui a servi de base à la construction des diverses pompes du système Rouquayrol est le suivant :

Enfermer l'air entre des couches d'eau de manière à rendre impossible toute fuite d'air.

Dans ce but le piston a été fixé *verticalement* et le corps de pompe rendu *mobile*.

Il résulte de cette disposition que l'on peut couvrir d'eau le piston et la soupape du chapeau. L'air se trouve donc comprimé dans le corps de pompe entre la base du chapeau et le piston. D'un côté, il ouvre la soupape supérieure et se rend dans le chapeau ; de l'autre, agissant sur le piston, il presse sur la couche d'eau qui noie celui-ci, applique le cuir de la garniture contre les parois du corps de pompe, avec une force d'autant plus grande que la pression est plus forte. On voit que *les fuites sont rendues de plus en plus impossibles par l'élévation de la pression.*

On obtient ainsi un joint hydraulique, et cette nouvelle disposition donne des pompes sans espace nuisible.

L'air, obligé de traverser les deux couches d'eau qui couvrent les soupapes, y perd sa chaleur qui était un second obstacle à une forte compression de l'air.

Enfin, le piston étant fixe, il suffit de retirer le boulon qui sert d'axe au balancier pour avoir sous les yeux les organes de la pompe. Elle est de la plus grande simplicité, très-ramassée et très-forte, conditions qui en font une pompe d'un usage essentiellement maritime.

Nous verrons plus loin, en traitant des appareils à haute pression, les dispositions adoptées pour compléter le principe du piston constamment noyé. Elles permettent de manœuvrer les gaz avec la même facilité que les liquides, et de faire entrer dans la pratique des pressions de 30 à 40 atmosphères sans fuite ni développement de chaleur.

Avec un compresseur compensateur, 10 à 15 minutes suffisent pour comprimer 1,200 litres d'air à 40 atmosphères. Cette pression n'avait point été, à ma connaissance, pratiquement atteinte jusqu'à ce jour.

Quoique moins nouveaux que ceux du régulateur, les résultats fournis par ces pompes me paraissent tout aussi importants et au moins aussi féconds en applications de tout genre.

CHAPITRE IV.

DESCRIPTION DÉTAILLÉE DU RÉGULATEUR. — RÉSERVOIR D'AIR COMPRIMÉ. — CHAMBRE A AIR. — SOUPAPE DE DISTRIBUTION D'AIR. — COURSES DE LA TIGE. — SOUPAPE D'EXPIRATION.

Description détaillée du régulateur. — Le régulateur se compose, comme nous l'avons dit, de deux parties :

Le réservoir d'air,

La chambre à air.

Le réservoir d'air comprimé est en tôle de fer ou d'acier d'une forte épaisseur (10 millimètres), afin de pouvoir résister à la pression de l'air et obtenir en même temps un appareil d'un poids suffisant.

L'air y arrive par une pièce en cuivre qui se visse au côté droit du régulateur chargé sur le dos.

Cette pièce en cuivre porte une *soupape de retenue*, que la pression intérieure fait refermer en cas de rupture des tuyaux d'arrivée d'air.

Le réservoir est fileté à sa partie supérieure afin de recevoir la soupape intérieure ou de distribution d'air.

Fig. 4. — Régulateur.
(Échelle au 1/10.)

Pour prévenir l'oxydation, il est étamé à l'intérieur.

La capacité du réservoir est ordinairement de 8 litres. Rien n'empêcherait, au besoin, de la rendre plus petite ou plus grande.

Chambre à air. — La chambre à air, faite en tôle plus

légère, est soudée à l'étain sur le réservoir d'air. Sa capacité dépend essentiellement des dimensions relatives du plateau et de la soupape de distribution d'air. Elle est percée de deux trous permettant de souder les bouts des tuyaux sur lesquels se fixent le tube de respiration et la soupape d'expiration. La chambre à air est aussi étamée à l'intérieur.

Soupape de distribution d'air. — Dans l'orifice, fileté, dirigé suivant l'axe de la chambre à air, se trouve

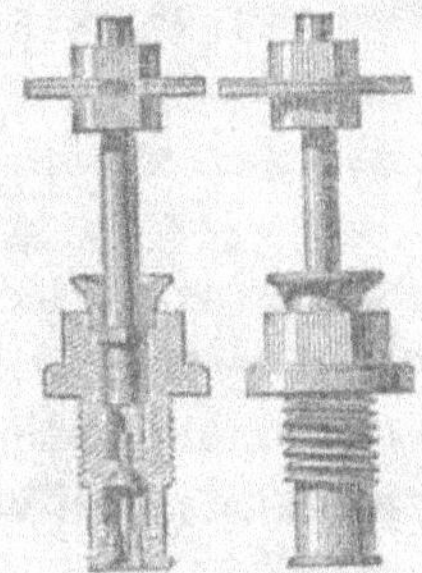

Fig. 5. — Soupape
de distribution d'air.
(Échelle au 1/3.)

placée la pièce la plus importante de l'appareil, la *soupape de distribution d'air*.

Elle se compose de plusieurs parties :

1° Le corps de la soupape ;

2° Le clapet et son bouton ;

3° La tige, son butoir, son bouton, ses écrous et ses rondelles.

Le corps de la soupape se compose à l'extérieur d'une partie filetée qui se visse dans le réservoir d'air. Une embase, placée au-dessus de la partie filetée, sert à serrer le joint en cuir.

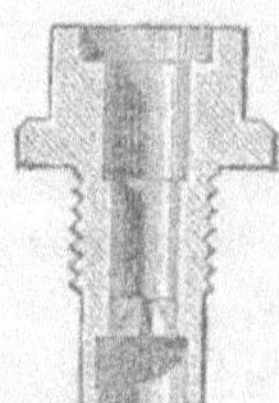

Fig. 6. — Coupe
de la soupape.
(Échelle au 1/2.)

La partie qui est taillée en prisme à six pans sert de point d'appui à la clef pour visser et dévisser la soupape.

L'intérieur du corps est fileté à la partie inférieure pour recevoir le bouton du clapet. Au-dessus se trouve la partie pleine dans laquelle est pratiqué l'orifice tronc-conique sur lequel vient s'appliquer le clapet lorsque la soupape intercepte toute communication entre le réservoir et la chambre à air.

Dans l'autre partie pleine qui surmonte le corps de la soupape sont pratiquées quatre rainures symétriquement placées qui permettent le passage de l'air autour du guide du clapet.

Le clapet a la forme d'un tronc de cône terminé par deux petites tiges cylindriques qui glissent dans les cercles mé-

Fig. 7. — Clapet.
(Demi-grandeur.)

nagés au centre des rainures des corps de la soupape et du bouton du clapet. J'ai adopté cette disposition uniquement pour bien guider le clapet dans son mouvement. Aux points extrêmes de la course, les guides sont toujours engagés dans les petits cercles pratiqués au centre de rencontre des rainures. On est alors parfaitement sûr qu'une irrégularité quelconque dans le passage rapide de l'air ne pourra pas empêcher le clapet de fermer la soupape.

Le clapet porte au-dessous de sa base un petit ressaut de $0^{mm},5$ d'épaisseur pour faciliter l'arrivée de l'air au moment où le poumon fait ouvrir en grand la soupape.

Le bouton du clapet termine la soupape à la partie inférieure. Il sert de guide et de support au clapet. L'air passe

Fig. 8.
Bouton du clapet.
(Demi-grandeur).

par la base du bouton. Quatre rainures sont aussi ménagées à cet effet dans cette base, de sorte que l'air arrive librement sous le clapet.

La tige qui porte le plateau est cylindrique à la partie inférieure et filetée à la partie supérieure. Elle porte un butoir qui règle la course du plateau. Le butoir allant frapper le cercle plein placé au-dessus des rainures du corps de la soupape, le plateau ne peut plus descendre et l'arrivée de l'air est permise.

Le butoir, au moment de l'expiration, va frapper le bouton de la tige, et le plateau ne peut plus remonter ; l'air en excès ou l'air expiré s'écoule par la soupape d'expiration

La position du butoir a ainsi la plus grande influence sur la consommation de l'air. Lorsque le plongeur a cessé

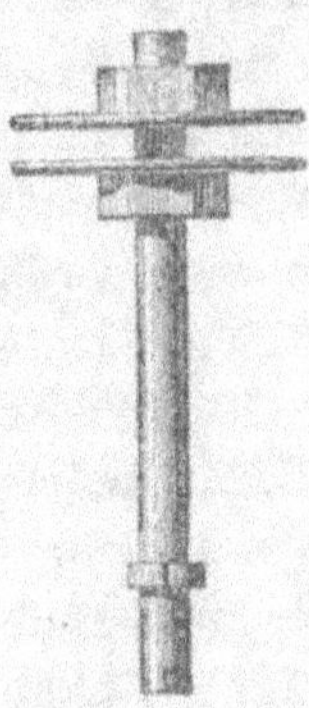

Fig. 9. — Tige.
(Demi-grandeur.)

d'aspirer la soupape est appliquée sur son siége par l'excès de pression. Ce mouvement d'ascension est facilité en outre par l'air expiré qui est rejeté dans le tuyau de respiration, repasse sous le plateau et lui donne un mouvement d'élévation.

Si le butoir venait frapper le bouton juste au moment où le clapet empêche l'accès de l'air, l'air expiré s'échapperait immédiatement par la soupape d'expiration.

Mais si l'on abaisse sur la tige la position du butoir, il en résultera que le plateau obéira au mouvement ascensionnel que lui imprime l'expiration, et l'air ne s'échappera par la soupape d'expiration que lorsque le butoir aura frappé contre le bouton de la tige. On peut donc aussi faire varier la quantité d'air chassée de la chambre à chaque expiration. Le butoir remplit ainsi un office analogue à celui de la détente des machines à vapeur, et sa position sur la tige pourra causer, si on le veut, un retard de l'expiration par rapport au mouvement du poumon. Dans les appareils à basse pression où l'air est envoyé constamment par la pompe, cette disposition n'a pas grande importance; mais dans les appareils à haute pression où il faut économiser le plus d'air possible, le butoir a été placé de façon à ce que le même air soit respiré deux fois. L'expérience démontre qu'il n'y a à cela aucun inconvénient. C'est du reste un fait général qui se produit dans les habitations bien closes où l'air ne se renouvelle que partiellement.

Le bouton de la tige se visse dans la partie supérieure du corps de la soupape. Il sert, comme nous venons de le voir, à limiter la course du plateau. Le butoir et le bouton sont aussi percés de rainures symétriques pour faciliter le passage de l'air.

Fig. 10. — Bouton
de la tige.
(Échelle au 1/4.)

La partie filetée de la tige porte le plateau. Les rondelles et les écrous servent à appuyer et à fixer ce dernier.

La soupape de distribution ainsi composée de plusieurs pièces se démonte facilement. Son jeu est sûr et la visite de ses différentes parties très-facile. Elle a été faite en bronze d'aluminium, alliage très-dur et très-peu oxydable.

Le *plateau* est en bois ou en métal. Pour les appareils destinés à être embarqués, le plateau se compose de deux cercles de zinc réunis par des vis en cuivre qui traversent la calotte en caoutchouc.

La *calotte* est en caoutchouc très-pur, elle a ainsi une grande élasticité. Elle est fixée sur le plateau par les vis en cuivre, sur la chambre à air par un cercle aussi en cuivre, dont les segments sont serrés par un boulon et un écrou à oreilles.

Sur la chambre à air sont soudés les bouts en fer étamé, sur lesquels se placent le tuyau de respiration et la soupape d'expiration.

Le régulateur porte près de la chambre à air des boucles pour fixer les bretelles qui servent à charger l'appareil sur le dos du plongeur.

La bretelle de droite se fixe par une boucle. Celle de gauche porte un de ces anneaux allongés connus sous le nom de *porte-mousqueton*. Il se fixe dans une boucle placée à la hauteur du sein gauche. Si l'ouvrier veut quitter au fond de l'eau son appareil, il n'a qu'à pousser le ressort qui maintient le porte-mousqueton; la bretelle gauche tombe et un mouvement de l'épaule droite le débarrasse du régulateur.

Le *tuyau de respiration* est en caoutchouc très-souple.

Il se fixe d'un côté au moyen d'une ligature en fil de laiton ou de chanvre sur le bout soudé à la chambre à air. De l'autre côté, il se place sur le bec métallique qui porte le ferme-bouche.

Soupape d'expiration. — La *soupape d'expiration* se compose de deux feuilles minces de caoutchouc collées aux extrémités, dans le sens de la longueur. La pression

Fig. 11.
Soupape d'expiration.
(Échelle au 1/3.)

de l'eau ou du milieu ambiant jointe au ressort du caoutchouc, les applique fortement l'une contre l'autre. Cette soupape, de la plus grande simplicité, est d'un emploi très-sûr. Elle empêche l'eau de pénétrer dans la chambre à air et elle rend le mouvement d'expiration aussi doux qu'à l'air libre.

La position de la soupape d'expiration peut varier sans inconvénient. Dès le début, elle était placée près de la bouche. Pour plus de simplicité et pour économiser l'air, je l'ai placée sous le plateau. Il est bon que cette soupape se trouve toujours un peu au-dessous du centre de gravité du plateau.

Il est évident que plus le tuyau sera court, plus il y aura de facilité pour les mouvements respiratoires. Il faut charger l'appareil sur le dos de manière que le plateau soit le plus près possible, et à la hauteur de la bouche.

La facilité de la respiration sous l'eau avec les organes que nous venons de décrire est extraordinaire. Les hommes n'ayant jamais plongé accusent tous une sensation de bien-être au fond de l'eau. Ils prennent exactement la quantité d'air nécessaire à leurs poumons et chassent l'air respiré sans aucun effort.

Cette sensation de bien-être augmente avec la profondeur ; elle résulte de la plus grande compression de l'air à mesure que le plongeur s'enfonce sous l'eau. Grâce au mode d'envoi de la pompe, grâce ensuite au contact prolongé de l'air avec des parois métalliques constamment refroidies par l'eau, le régulateur fournit au plongeur de l'air pur et frais. Cet air comprimé se précipite avec rapidité dans le poumon. La respiration avec cet appareil à une profondeur de 10 ou 15 mètres a une grande analogie avec la respiration dans l'air froid et sec des montagnes.

CHAPITRE V.

DESCRIPTION DÉTAILLÉE DE LA POMPE. — PISTON. — SOUPAPE DU PISTON. — CORPS DE POMPE. — CHAPEAU. — SOUPAPE DU CHAPEAU. — JEU DE LA POMPE. — DÉBIT DE LA POMPE. — AIR NÉCESSAIRE A DEUX PLONGEURS.

Nous avons vu, au chapitre II, sur quel principe reposait la pompe de compression :

Le piston fixe et noyé; le corps de pompe mobile.

Le piston a sa tige terminée par un anneau qui le fixe au moyen d'un boulon et d'une chape sur la plaque de fondation.

Piston. — La chape a sa queue filetée. Elle s'engage dans la plaque en fonte et se serre en dessous au moyen de l'écrou. Le boulon traverse la chape, la tige du piston, et sert d'axe à ce dernier.

Le piston, proprement dit, est fixé par des branches venues de fonte avec sa tige.

La partie supérieure porte des rainures dans lesquelles s'imprime le cuir pour obtenir un joint hermétique.

Soupape du piston. — Le logement placé au centre du piston est rodé avec soin, et sert de siége à la soupape du piston.

Celle-ci a sa partie supérieure plane; elle ferme au moyen d'un clapet tronc-conique. Autour de la soupape sont pratiqués des évidements pour permettre la libre circulation de l'air. La queue de la soupape sert à la guider dans son mouvement vertical alternatif. Sa course est limitée par un butoir placé sur la queue au moyen d'une goupille.

Sur la partie supérieure est vissé le couvre-soupape. Cet organe a pour but principal de mieux forcer l'air à traverser toute l'étendue de la masse liquide qui noie la soupape.

Le cuir du piston est embouti dans des mandrins en fonte. Il a la forme du piston et est terminé, à sa partie supérieure, par un biseau sur lequel appuie l'eau, et qui forme un joint très-sûr en cédant sous la pression de l'eau, et en s'appuyant sur les parois du corps de pompe.

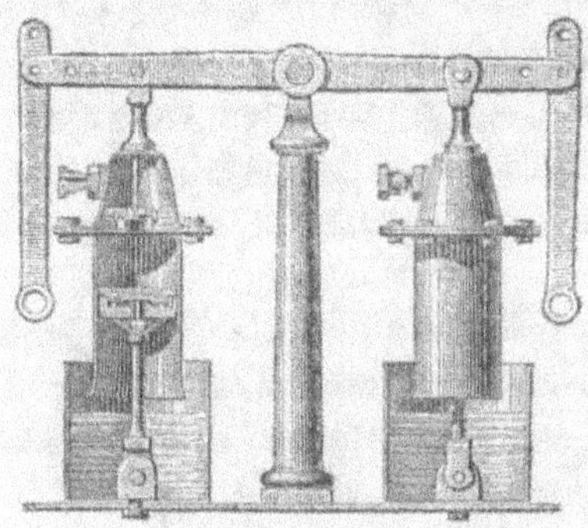

Fig. 12. — Pompe à air. (Échelle au 1/12.)

Une bague cylindrique maintient le cuir. Elle a sa partie supérieure taillée en biseau en sens contraire du cuir, de manière à former au sommet de la garniture un coude dans lequel pénètre l'eau.

La bague est assujettie sur le piston au moyen de quatre boulons en cuivre, qui sont serrés par des écrous sous le piston.

Corps de pompe. — Le corps de pompe est terminé, à la base, par un léger évasement pour que l'on puisse plus facilement enfoncer le piston.

Il porte à la face supérieure le siége de la soupape du chapeau ; il se fixe sur celui-ci au moyen de six écrous en acier.

Chapeau. — Le chapeau a une soupape de même forme que celle du piston.

La course de la soupape est limitée par un prolongement de la chape qui fixe le corps de pompe au balancier.

Le bout extérieur, fileté, fixé sur le chapeau, sert à visser le tuyau en caoutchouc. Les balanciers servant à la manœuvre de la pompe sont fixés sur la chape de la colonne par un boulon, sa rondelle et son écrou. Ils sont coudés, pour faciliter le travail des pompeurs.

La plaque de fondation est en fonte ; elle porte quatre oreilles pour la fixer avec des vis sur un madrier servant de socle, ou pour placer des poids tels que gueuses ou paquets de mitraille.

La colonne du centre porte la chape qui sert d'axe au balancier. Sur la plaque de fondation, sont fixés les godets en cuivre qui contiennent l'eau destinée à noyer les soupapes des pompes.

Jeu de la pompe. — Pour se servir de la pompe, il faut charger d'eau les pistons. On fait aspirer l'eau des godets, ou l'on verse directement de l'eau sur les pistons par le trou des bouts filetés du chapeau sur lesquels se vissent les tuyaux.

Les soupapes ainsi noyées, on fait aspirer de l'air à la pompe.

L'air se trouve constamment emprisonné entre deux couches d'eau, et l'on a un joint hydraulique sur le piston. On arrive alors très-rapidement à une pression élevée.

Les dimensions principales de cette petite pompe sont les suivantes :

	millim.
Diamètre des pistons.	100
Course.	150

Débit de la pompe. — On obtient en quelques coups de piston une pression de 8 à 10 atmosphères, qui est marquée par un manomètre joint à la pompe. Si l'on donne de 35 à 40 coups de piston, la pompe débite de 85 à 100 litres d'air par minute.

Air nécessaire à deux plongeurs. — Cette petite pompe est donc très-suffisante pour entretenir deux plongeurs au fond de l'eau à des profondeurs de 10 à 15 mètres, ou un seul plongeur à 20 et 30 mètres. La consommation d'air est en effet proportionnelle à la profondeur.

Un homme adulte consomme, ainsi que nous l'avons vu, environ 12 litres d'air par minute.

À 10 mètres, on a une pression de 2 atmosphères. La consommation sera donc de 12 litres d'air à 2 atmosphères correspondant à 24 litres à la pression ordinaire. A 20 mètres, la consommation est de 12 litres à 3 atmosphères ou 36 litres. La pompe donnant de 80 à 100 litres d'air est très-suffisante, même en admettant 25 p. 100 de perte dans la pratique, les appareils étant, par exemple, dans un mauvais état d'entretien.

La pompe pèse de 50 à 70 kilogrammes, suivant le modèle adopté.

Elle présente les avantages d'une grande simplicité et d'une grande puissance. En enlevant le boulon de la chape fixée sur la colonne, on a sous les yeux tous les organes intérieurs qui peuvent être immédiatement visités ou réparés au besoin. Cette condition est essentielle pour une pompe destinée aux bâtiments.

Les pistons et les soupapes noyés font de cette pompe une sorte de presse hydraulique, ce qui explique sa force de compression. Il faut absolument que l'air se comprime ou que les balanciers s'arrêtent. L'air, obligé de traverser deux couches d'eau successives, se refroidit et perd la chaleur qu'il a acquise par la compression. Il arrive pur et frais dans le réservoir, au lieu d'avoir un goût de cuivre très-nuisible à la respiration, fait qui se produit souvent dans les pompes employées à bord des navires.

L'effet nuisible de cet air ne tarde pas à se faire sentir sur la santé des plongeurs, lorsqu'ils se livrent à un travail de longue durée. On voit qu'avec la pompe à piston fixe et noyé ces inconvénients sont supprimés.

CHAPITRE VI.

ACCESSOIRES. — TUYAUX DE CONDUITE D'AIR. — MANOMÈTRE. — PINCE-NEZ.
— SOULIERS. — HABIT EN CAOUTCHOUC. — PROTECTION DE LA VUE.

Tuyaux de conduite d'air. — Le régulateur est mis en communication avec la pompe à air au moyen des tuyaux en caoutchouc vulcanisé dont la construction exige beaucoup de soins. Un grand nombre de morts survenues dans le scaphandre proviennent de la rupture des tuyaux. L'eau se précipite immédiatement dans le casque avec une vitesse qui dépend de la profondeur, et si le plongeur n'est pas immédiatement ramené à la surface et débarrassé de son attirail, il meurt très-rapidement. Après de nombreux essais sur la résistance des tuyaux, je me suis arrêté à la méthode de construction suivante.

Le tube se compose de plusieurs toiles caoutchoutées; l'imperméabilité est obtenue au moyen de couches de feuilles fines de caoutchouc ayant $0^{mm},5$ d'épaisseur. Au milieu des toiles se trouve une hélice en fil de fer garni de caoutchouc qui augmente la résistance et empêche le tuyau de se couder. Pour préserver le tuyau des frottements et pour augmenter sa durée, on la recouvre d'une grosse toile cousue après la confection du tuyau.

Ainsi construits, ces tuyaux résistent très-bien encore après un an de services continuels dans l'eau à des pressions de 10 ou 12 atmosphères, pression dont on n'a jamais besoin dans la pratique.

Un tuyau manque ordinairement au point où l'on fixe le

raccord. (Voir à l'Instruction la manière de faire ce joint.)

Quoiqu'un tuyau se rompe, il n'y a point avec le régulateur un danger immédiat d'asphyxie. Il est bon néanmoins d'être sûr de la force de résistance de ses tuyaux, car la rupture des tuyaux du scaphandre a causé, je le répète, la mort d'un nombre considérable d'ouvriers, surtout aux grandes profondeurs.

Manomètre. — Le *manomètre* sert à renseigner exactement les pompeurs sur la pression de l'air contenu dans le réservoir. Comme on l'a vu, le jeu du régulateur est basé sur la différence de pression de l'air contenu dans le réservoir et du milieu ambiant. Il faut donc que les pompeurs maintiennent cet excès de pression qu'on peut fixer dans la pratique à 1 atmosphère.

Le second maître ou le quartier-maître qui dirige le nettoyage de la carène doit savoir que par 10 mètres d'eau il y a 1 atmosphère de pression de plus sur le corps du plongeur et donner ses ordres d'après ce principe. Ainsi, à 10 mètres de profondeur, il ne doit pas laisser tomber l'aiguille au-dessous de 3 atmosphères, puisqu'il y a 2 atmosphères de presssion sur le corps de l'homme. Il réglera toujours de même la position de l'aiguille du manomètre qu'il ne doit pas laisser dépasser.

Fourche. — La *fourche* sert à avoir un jet d'air continu arrivant dans les régulateurs et à envoyer successivement les plongeurs sous l'eau. Il y a dans ce dernier cas une précaution importante à prendre. Il faut ouvrir peu à peu le robinet du second régulateur afin d'éviter que la pression tombe subitement dans le régulateur de l'ouvrier déjà sous l'eau, au-dessous de celle du milieu ambiant.

Pince-nez. — Le nez est bouché au moyen d'un pince-nez dont les pelotes sont recouvertes en caoutchouc. Une vis de pression permet de régler le serrage à la volonté du plongeur. Deux petits cordons se nouent derrière la tête pour empêcher le pince-nez de tomber, s'il venait à glisser sur les narines.

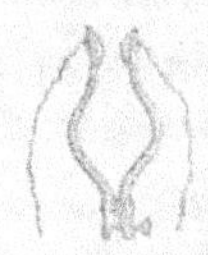

Fig. 13. Pince-nez. (Échelle au 1/4.)

Souliers. — Pour maintenir le plongeur au fond de l'eau, il est nécessaire de lui mettre des poids aux pieds. Les semelles employées sont en fonte. Elles pèsent environ 8 kilogrammes chacune. Elles se fixent au moyen de courroies semblables à celles des patins.

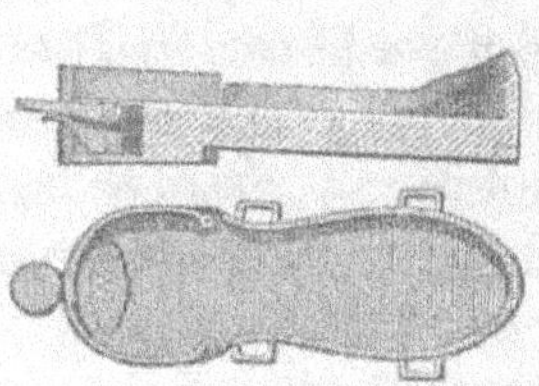

Fig. 14. — Semelles. (Échelle au 1/10.)

Une talonnière à ressort maintient la semelle ; en pressant sur la pédale avec un pied on peut, sans même se baisser, se dégager des souliers en fonte.

Cette disposition, jointe à la facilité de se débarrasser instantanément et par un simple mouvement d'épaules du régulateur, assure la sécurité du plongeur.

Quoique très-secondaire dans la pratiq , tant le jeu du régulateur est infaillible, ce résultat est important au point de vue moral. La répugnance des matelots pour les travaux sous-marins est complétement détruite. Se sachant certains de revenir rapidement à la surface, quel que soit l'accident qui survienne, n'ayant pas les membres emprisonnés et jouissant d'une liberté de mouvements absolue, ils apportent à ces travaux la confiante hardiesse qui est le fond même de leur caractère.

Avec les appareils embarqués actuellement à bord des vaisseaux, il est loin d'en être de même.

Habit en caoutchouc. — Comme n vient de le voir,

les différentes parties de l'appareil plongeur à air comprimé ont été construites dans un but exclusivement maritime. C'est assez dire que tout a été calculé pour simplifier le plus possible le matériel de l'appareil et l'accoutrement du plongeur. On doit pouvoir faire sauter *instantanément* un gabier sur l'ancre ou l'hélice engagée, un calfat sous la carène pour boucher le trou d'un boulet. Cette condition m'a toujours paru de première importance. Elle est remplie au moyen du régulateur qui pèse 20 kilogrammes et des sandales qui en pèsent 16. Le matelot n'est pas trop chargé, et n'étant vêtu que d'habits de laine qui s'imbibent, il déplace une petite quantité d'eau et coule à fond.

Mais dans les pays froids et dans les pays tempérés en hiver, la température de l'eau empêcherait de faire travailler les matelots sous le navire. Il faut donc les préserver du contact de l'eau.

J'ai adopté pour cela l'habit suivant, qui m'a paru le plus simple possible.

L'habit est fait d'une étoffe enduite de caoutchouc, il se termine près du cou par une bande de tissu élastique de 25 centimètres de diamètre. L'élasticité de cette collerette permet à l'homme d'introduire son corps dans l'habit.

La tête est protégée par un demi-masque portant le verre à travers lequel s'exerce la vue ainsi qu'un trou pour laisser passer le tuyau de respiration. Ce masque est recouvert d'une toile imperméable qui vient se fixer sur un cercle métallique de 27 centimètres de diamètre. La collerette vient faire joint sur ce cercle extérieur ; elle y est maintenue fortement, de manière à faire un joint hermétique par un cercle de serrage. Un robinet est placé au côté droit du masque. Il permet de garder dans la tête la quantité d'air nécessaire pour ne pas souffrir de la pression extérieure. Le plongeur lâche, quand il veut, dans le masque son air d'expiration, ou le fait échapper par le robinet. Il se sert ainsi des différences de pression pour faire monter ou baisser son ferme-bouche. Après un ou deux exercices, tous les plongeurs fixent aisément leur masque pour le degré de profondeur auquel ils doivent travailler.

Cet habit est parfaitement imperméable et permet de travailler par les froids les plus rigoureux.

Il présente les inconvénients, de tous les habits de ce genre :

Il déplace une grande quantité d'eau et exige une addition de charge pour faire couler le plongeur. Il augmente par ses plis la pression qui s'exerce toujours sur le corps de l'homme. Il est sujet, quelque solide qu'il soit, à des avaries, et il faut avoir à bord du caoutchouc liquide et de la toile préparée pour les réparations.

Protection de la vue. — L'action de l'eau de la mer sur la vue est plus tonique que nuisible. Pour ce motif, on ne doit pas garantir du contact de l'eau les yeux des marins envoyés sous la carène des bâtiments. On conserve ainsi l'avantage d'une vision très-distincte. Le travail se fait beaucoup plus rapidement.

Quelques personnes ont de la difficulté à ouvrir les yeux en se précipitant à l'eau ; mais quand elles sont restées sous l'eau quelques minutes avec le régulateur, les yeux s'ouvrent naturellement et il leur est au contraire difficile de les tenir fermés. Dans quelques cas exceptionnels, tels que des travaux hydrauliques où les plongeurs ont du ciment à manier, la laitance de chaux pourrait attaquer la vue. Il faut alors avoir recours à l'habit.

CHAPITRE VII.

EXPÉRIENCES FAITES SUR L'APPAREIL PLONGEUR. — APPRENTISSAGE DES PLON-
GEURS. — SAUTER A L'EAU. — SE DÉBARRASSER AU FOND DE L'EAU DE
L'APPAREIL. — SURVEILLANCE DES PLONGEURS SOUS L'EAU. — DURÉE DU
TRAVAIL. — TRAVAUX EXÉCUTÉS SOUS L'EAU. — DEGRÉ DE PROFONDEUR.

J'ai fait plonger pendant huit mois trois hommes trois fois par semaine ; ils avaient été choisis au hasard, sans aucune habitude des travaux sous-marins. La profondeur dont je disposais variait de 5 à 6 mètres.

En dehors de ces trois ouvriers, j'ai fait essayer l'appareil par un grand nombre de personnes. Toutes sans exception acusaient une sensation de bien-être du côté de la respiration au fond de l'eau.

Apprentissage des plongeurs. — L'apprentissage des plongeurs est extrêmement simple. On leur fait essayer l'appareil d'abord à l'air libre, on les envoie ensuite sous l'eau en leur recommandant de ne pas trop ouvrir les lèvres pour aspirer l'air. Ce mouvement pourrait en effet faire entrer quelques gouttes d'eau dans la bouche. C'est là le défaut principal des plongeurs novices. Ils remontent au bout de quelques instants, disant qu'ils ont de l'eau dans l'appareil et qu'il en vient à la bouche de temps en temps.

C'est au contraire de l'eau qu'ils ont aspirée extérieurement et que l'expiration a chassé dans le tuyau et sous le plateau. En outre, trois ou quatre gouttes d'eau roulant dans le tuyau sous la pression de l'air d'aspiration ou d'expiration, font beaucoup de bruit et troublent les plongeurs peu habitués qui sont précisément les seuls exposés à voir ce fait se produire.

La recommandation principale à faire aux ouvriers est de *sucer pour ainsi dire constamment le tuyau de respiration.*

Les plongeurs qui commencent ont presque tous une appréhension souvent indépendante de leur volonté, effet entièrement physique qui se traduit par la précipitation du mouvement de respiration.

Il faut recommander au plongeur de *respirer lentement et avec calme, en imitant la respiration d'une personne endormie.*

Si l'on a affaire à un ouvrier craintif, il faut lui faire essayer l'appareil à l'air libre, le laisser un instant manquer d'air, puis lui en envoyer de nouveau avec la pompe. Il prend ainsi confiance dans le régulateur; dès qu'il a l'habitude de respirer lentement à l'air libre, le faire mettre dans l'eau jusqu'au cou et cacher simplement sa tête sous l'eau; le laisser descendre au fond et à mesure qu'il s'habitue à respirer dans ce milieu.

A part les hommes extrêmement timides et dont l'éducation est un peu plus longue, tout homme se sert naturellement du régulateur après un quart d'heure d'exercice.

Je n'ai pas rencontré dans plus de 200 essais, une personne qui ne pût séjourner au fond de l'eau.

J'ai, sans le savoir, fait plonger pendant un mois un homme très-faible et atteint d'une maladie de poitrine. Il s'est toujours bien trouvé de son séjour au fond de l'eau. Après une heure de travail, il remontait avec la figure aussi naturelle qu'au moment de l'immersion, et avec un pouls très-normal.

Je pense donc qu'à bord d'un bâtiment tout homme pourra être employé au nettoyage journalier de la carène.

Dès qu'un plongeur s'est servi quatre ou cinq fois du

régulateur, il prend une confiance très-grande dans son appareil.

Si l'on néglige de lui envoyer de l'air dès que celui du régulateur a atteint la pression ambiante dans le réservoir, le régulateur ne fonctionne plus. Le jeu de la soupape cesse, et le plongeur fait le vide dans le réservoir et la chambre à air.

La respiration devient gênée, difficile, tandis que tout à l'heure elle était aisée. Le plongeur est averti que l'air va lui manquer, il a tout le temps de se préparer à revenir à la surface, soit par une échelle, soit en se faisant remonter par une corde, ou en abandonnant ses semelles et son régulateur au fond de l'eau.

Mais que ce soit volontairement ou par accident que l'arrivée de l'air soit interrompue, le plongeur en est averti assez à l'avance. Que le tuyau d'arrivée d'air se rompe, la soupape de retenue du réservoir ferme l'accès à l'eau, et le plongeur commence à épuiser sa provision d'air. Entre le moment où sa respiration devient dure et celui où il a fait complétement le vide, l'ouvrier a beaucoup plus que le temps de revenir à la surface par un des différents moyens qui ont été indiqués.

Sauter à l'eau. — Il est bon, dans le courant de l'apprentissage, de faire faire cette expérience aux plongeurs. Elle leur donne un très-grand sang-froid contre toute éventualité. Il faut aussi les faire sauter à l'eau d'un ou deux mètres de hauteur si le poids du régulateur n'est pas trop considérable. Cette instantanéité d'action peut être fort utile dans certains cas, et il est bon d'y habituer les matelots.

Se débarrasser au fond de l'eau de l'appareil. — Il faut aussi les exercer à se débarrasser au fond de l'eau de l'appareil. Pour cela, le plongeur quitte d'abord ses sandales ; puis, en appuyant sur le porte-mousqueton, il fait tomber la bretelle de droite, glisser la bretelle de gauche en gardant toujours le ferme-bouche entre les lèvres. Il quitte enfin ce dernier et revient à la surface avec la rapidité que lui donne la pression de l'eau, aidée des mouvements de ses bras et de ses jambes.

Il faut bien recommander aux hommes de ne pas nager trop vigoureusement pour remonter et de ne jamais recourir à ce moyen quand ils sont exposés à avoir au-dessus d'eux un corps flottant ; car, remontant d'une grande profondeur, ils pourraient se heurter la tête avec force et se blesser grièvement.

Surveillance des plongeurs sous l'eau. — La surveillance à exercer sur les mouvements des plongeurs au travail se résume presque uniquement dans la surveillance de l'aiguille du manomètre. La respiration automatique, obtenue au moyen du régulateur, rend inutiles, en effet, tous les signaux des scaphandres au moyen d'un nombre variable de coups de corde.

L'égalité de la respiration est aussi un excellent indice de l'état du plongeur. Dès qu'un ouvrier a pris l'habitude de l'appareil, il respire à pleins poumons avec le calme d'une personne endormie. Les bulles d'air expiré montent à la surface à des intervalles égaux. En les suivant avec une montre à secondes, on les voit se succéder avec une régularité parfaite toutes les trois ou quatre secondes suivant le plongeur.

Durée du travail. — Quand on envoie constamment de l'air au plongeur, on peut le faire travailler indéfiniment sous l'eau. Cependant si, comme cela arrivera à bord des navires, on envoie les hommes sous l'eau avec un simple vêtement de laine, il me paraît préférable de ne pas trop prolonger ce séjour et de faire reposer de temps en temps les travailleurs. Il n'y a à cela aucun inconvénient, si l'on tient compte de la facilité avec laquelle on charge l'appareil. Ainsi, des stations de vingt minutes à une heure me paraissent très-suffisantes dans la pratique pour faire un travail utile.

Travaux exécutés sous l'eau. — Grâce à la liberté absolue des mouvements dont jouit le plongeur et à une vision directe toujours plus distincte que lorsque des verres sont interposés entre l'œil et les matériaux ou les outils, j'ai pu faire exécuter toute espèce de travaux. Non-seulement les hommes transportent des pierres et coupent des chaînes, mais encore ils boulonnent, vissent et dévissent des pièces entières de machine. Ainsi une pompe jetée au fond de l'eau est facilement démontée dans ses plus petits détails, ou remontée si l'on veut avec ses vis et ses boulons serrés.

Degré de profondeur. — Mes essais ont eu lieu principalement dans des fonds de 5 à 6 mètres. J'ai pu néanmoins faire descendre mes plongeurs dans un bassin à 18 mètres et souvent dans la mer à une profondeur de 20 à 25 mètres. Les hommes s'y sont toujours trouvés très-bien ; leur régulateur leur distribuant l'air à la pression ambiante, ils n'éprouvaient aucune gêne et séjournaient des heures entières sous l'eau avec le pouls normal et un mouvement de respiration très-régulier.

Les ouvrages relatifs à la respiration de l'air comprimé dans des tubes ou dans des scaphandres énumèrent de la manière suivante les phénomènes qui se produisent : selon sa constitution, l'homme est en proie à des douleurs de tête, d'oreilles, à de l'anxiété, de la toux, des battements de cœur. Ces sensations sont toujours douloureuses, tantôt faibles et vagues, tantôt très-fortes et amenant une démoralisation complète, elles diminuent toujours avec l'habitude. Dans la respiration artificielle obtenue au moyen du régulateur, je n'ai jamais vu ces effets se produire, du moins dans les profondeurs indiquées plus haut que sont les limites de mes essais. C'est là un résultat très-singulier, évidemment dû à un phénomène physiologique dont l'étude n'est pas de ma compétence. Je me borne à le signaler ici, car il me paraît digne de fixer l'attention des médecins de la marine.

CHAPITRE VIII.

A bord des navires à voiles il n'était embarqué aucun appareil plongeur. La nécessité de visiter la carène se faisait beaucoup moins sentir. Dans quelques cas d'avaries graves, tels que échouages et voies d'eau, le navire se réfugiait dans un port ou s'abattait en carène.

L'application de la vapeur à la navigation a augmenté l'importance de cette question. Les navires à hélice ont imposé aux marins la nécessité de pouvoir visiter les prises d'eau et le logement de l'hélice; aussi toutes les marines ont-elles dû adopter le scaphandre.

Plusieurs systèmes sont en usage, soit en France, soit en Angleterre. Ces derniers l'emportent, je crois, un peu sur les nôtres pour la coupe des vêtements, le fini des pompes et du casque.

Quoi qu'il en soit, ils sont tous basés, sauf quelques modifications de détail, sur le même principe :

Envelopper l'homme dans un habit en forte toile imperméable, fermer toute entrée à l'eau au moyen d'un casque en cuivre placé sur la tête et vissé sur une collerette en cuivre par douze boulons;

Envoyer de l'air, dans cette enveloppe, par un tuyau flexible aboutissant derrière la tête du plongeur.

Il résulte de cette disposition des inconvénients de tout genre qui restreignent l'usage de cet appareil aux cas d'absolue nécessité, au lieu de lui permettre de rendre journellement des services notables à la navigation.

Ces inconvénients peuvent, d'une manière générale, se résumer ainsi par ordre d'importance :

La respiration n'est pas aisée ;

La vie de l'homme n'est pas assez assurée contre les accidents ;

L'appareil est beaucoup trop compliqué et d'un emploi difficile.

En effet,

Rien ne règle l'arrivée de l'air dans le poumon. L'ouvrier le recevant directement d'une pompe a souvent trop ou trop peu d'air.

Il est obligé d'être constamment en relation avec la surface, au moyen de signaux consistant en un certain nombre de coups donnés à une corde d'appel, moyen très-difficile et imparfait de correspondre.

1° L'ouvrier auquel l'air est envoyé aussi irrégulièrement a tantôt des anxiétés, tantôt des oppressions. Il est toujours sujet à une transpiration très-abondante.

2° L'air envoyé directement a souvent une forte odeur de cuivre très-nuisible à la santé de l'ouvrier.

3° Beaucoup d'hommes ont des douleurs de tête aiguës, correspondant, d'après leur dire, à chaque coup de piston de la pompe.

4° L'emploi du scaphandre exige des hommes robustes et ayant reçu une éducation particulière.

5° Les pompeurs, l'homme qui fait des signaux, doivent être intelligents, constamment en éveil et en relation incessante avec le plongeur.

6° Les avaries dans les habits sont fréquentes et dangereuses. L'habit, au lieu d'être une simple précaution contre le froid, supporte parfois des pressions considérables ; les chocs des corps étrangers le déchirent fréquemment.

7° Il faut près de vingt minutes pour habiller ou déshabiller un plongeur. Sa mise à l'eau et sa sortie sont des opérations délicates. La pompe et les accessoires sont si encombrants qu'ils exigent la mise à la mer de la chaloupe ou du grand canot.

8° Les mouvements au fond de l'eau sont difficiles. Le plongeur déplace une telle quantité d'eau que les plus simples mouvements ne se font qu'avec peine. Ainsi, par exemple, quand le plongeur veut se pencher en avant, l'air lui vient dans le dos et le tire violemment. L'homme ainsi emprisonné fait peu de travail utile : de là la lenteur des travaux sous-marins.

9° En cas d'accident, la vie du plongeur n'est pas en sûreté. Le tuyau d'air venant à se rompre, le salut de l'ouvrier dépend de la surface de l'eau. Si l'on ne le retire pas immédiatement, il est probablement perdu. Il en résulte une grande répugnance, essentiellement nuisible au bien du service.

Ces inconvénients ont sûrement attiré l'attention de tous les officiers qui ont eu à employer le scaphandre. On doit voir d'après le mode de construction et d'action de l'appareil à air comprimé que ce dernier détruit entièrement ces différents défauts.

L'air de respiration est en effet fourni à la pression ambiante exactement et automatiquement.

La vie de l'homme est toujours en sûreté.

L'appareil est tellement simple, qu'il peut être embarqué à bord des plus petits navires et mis entre les mains des matelots les moins intelligents.

DEUXIÈME PARTIE.

—

CHAPITRE PREMIER.

APPAREIL A MOYENNE ET HAUTE PRESSION. — COMPRESSEUR COMPENSATEUR,
POMPE SERVANT A COMPRIMER L'AIR A 60 ATMOSPHÈRES.

Compresseur compensateur. — Nous désignons sous le nom d'*appareil à basse pression* ceux qui exigent un envoi d'air continu à une pression qui ne dépasse pas 6 atmosphères.

Les appareils à moyenne pression sont ceux où le réservoir contient une quantité d'air comprimé à l'avance, et dont la force élastique ne dépasse pas 20 atmosphères.

Les appareils à haute pression contiennent une quantité d'air comprimé à l'avance à une pression de 30 à 40 atmosphères.

Il est évident d'après l'équation du régulateur

$$KS = p'S + ps$$

que l'appareil fonctionnera toujours de la même manière quelle que soit la pression de l'air dans le réservoir, si l'on a soin de donner à s et S des dimensions convenables; conditions aisées à remplir dans la pratique.

Toute la difficulté consiste donc dans la résolution de ce problème :

Trouver un moyen pratique de comprimer l'air sans fuite et sans chaleur à une pression de 30 à 40 atmosphères.

La machine employée pour obtenir ce résultat est une pompe à corps de pompe différentiels, toujours mobiles, pour pouvoir utiliser le principe adopté dans la pompe des petits appareils.

Cette pompe, à cause de la disposition des corps, a été nommée *compresseur compensateur*.

Elle se compose pour la haute pression de quatre corps de pompe mobiles ; le premier corps puise l'air dans l'atmosphère.

Le deuxième corps puise l'air dans le chapeau du premier, le troisième corps le prend dans le chapeau du second, et enfin le quatrième le tire du chapeau du troisième corps.

Une petite pompe à eau fixée sur l'un des balanciers complète ce système. Elle puise l'eau dans un seau et en envoie 5 à 6 grammes à chaque coup de balancier sur le piston du premier corps de pompe, ainsi qu'on le voit indiqué sur la figure.

Il résulte de cette disposition que quoique le travail dynamique pour comprimer une certaine quantité d'air soit le même qu'avec les autres pompes en usage jusqu'à ce jour, les conditions dans lesquelles ce travail se produit sont bien différentes.

En effet, l'air puisé directement dans l'atmosphère par le premier corps de pompe est porté à la pression de $3^{atm}.,25$ environ.

Le second corps de pompe le porte à la pression de 6 atmosphères, le troisième à la pression de 16 atmosphères et le quatrième enfin à la pression de 40 atmosphères.

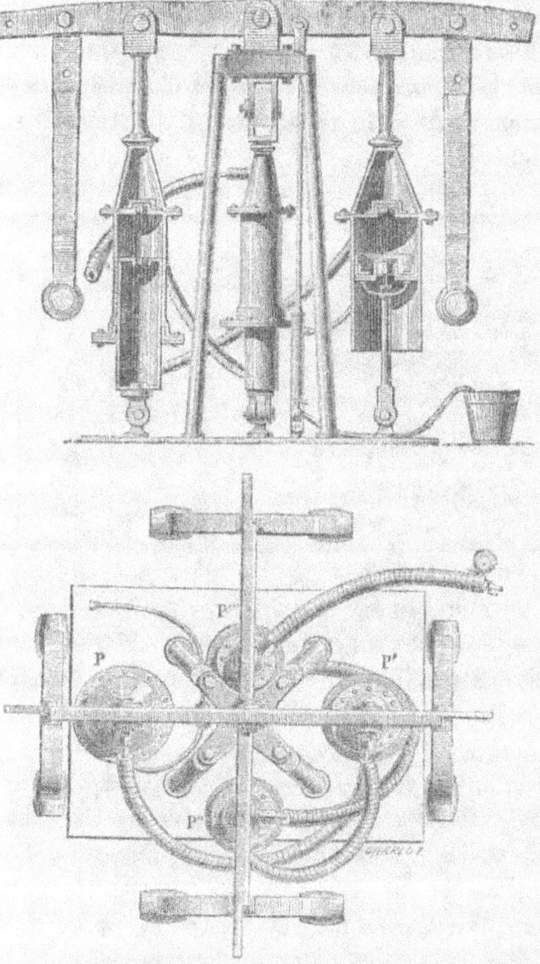

Fig. 15. — Compresseur compensateur à quatre corps.
(Échelle au 1/12.)

Si l'on prend un corps de pompe quelconque, par exemple le troisième, il y a au-dessous de son piston une pression

4

favorable de 6 atmosphères; la résistance est donc beaucoup moins grande que si l'on voulait porter l'air directement à une pression de 16 atmosphères, ce qui donnerait des difficultés considérables.

Voici les dimensions principales d'un compresseur qui peut comprimer 1350 litres d'air à 40 atmosphères dans 15 minutes :

	1re POMPE.	2e POMPE.	3e POMPE.	4e POMPE.
Volumes des pompes.	$2^l,560$	790^{cent}	440^{cent}	160^{cent}
Pression maximum dans les diverses pompes.	$3^{atm},25$	$8^{atm},00$	$16^{atm},00$	$40^{atm},60$
Travail dynamique par coup de piston en kilogrammètres.	25^{kgm}	25^{kgm}	25^{kgm}	25^{kgm}
Travail sur chaque piston par seconde à 33 coups par minute.	14,50	16,50	16,50	16,50
Travail d'un homme à l'extrémité d'un balancier en kilogrammètres.	8^{kgm}	8^{kgm}	8^{kgm}	8^{kgm}
Nombre d'hommes nécessaire à l'extrémité de chaque balancier.	2	2	2	2
Résistance maximum à l'extrémité du balancier.	66^{kgm}	66^{kgm}	66^{kgm}	66^{kgm}

Ce tableau démontre clairement les avantages du compresseur compensateur. Le travail est distribué aussi également que possible sur chacun des balanciers, eu égard à la pression qui varie sans cesse.

Si l'on avait voulu comprimer l'air directement, la résistance aurait varié dans des limites *six fois* plus considérables. Cette résistance maximum est en effet un des grands obstacles à une forte compression de l'air.

Le principe des corps de pompe mobiles ayant leurs organes noyés, nous permet de surmonter les deux autres difficultés de la compression des gaz, savoir :

Les fuites nombreuses,
L'élévation rapide de la température.

La petite pompe à eau envoie à chaque coup de pompe

une faible quantité d'eau sur le premier piston. Cette eau est entraînée dans les différents corps de pompe et couvre toutes les soupapes en formant partout des joints hydrauliques qui rendent les fuites impossibles.

De plus, l'air est obligé de traverser successivement huit couches d'eau où il perd sa chaleur ; il arrive frais dans le régulateur.

Le quatrième corps de pompe est toujours aussi froid que le premier.

CHAPITRE II.

DESCRIPTION DÉTAILLÉE DU COMPRESSEUR COMPENSATEUR, DU RÉGULATEUR
À HAUTE PRESSION.

Les quatre corps de pompe du compresseur compensateur ont leur piston fixé sur une plaque en fer par des chapes filetées et arrêtées par des écrous.

Le premier piston porte une garniture formée d'une bague en cuivre et d'un cuir embouti en tout semblable à la garniture des petites pompes.

Les trois autres corps ont des pistons creux à l'intérieur. A la partie supérieure se trouve la soupape, qui vient buter contre une traverse fixée sur la face supérieure du piston. Le joint est fait autour du piston par un cuir embouti fixé à la base du corps de pompe. L'action de l'eau comprimée fortement, colle le cuir contre les parois du piston.

Les corps de pompe sont reliés entre eux par des tubes en caoutchouc qui se prêtent au mouvement alternatif.

La pompe à eau est une pompe ordinaire refoulant l'eau par un tuyau en caoutchouc sur le gros piston. Un robinet sert à ouvrir ou à fermer le tuyau d'aspiration.

Le quatrième corps envoie l'air comprimé dans le régulateur au moyen d'un tuyau en caoutchouc. Ce tuyau devant résister à des pressions énormes, exige une construction particulière. Il se compose d'abord d'une couche de caoutchouc de 4 millimètres d'épaisseur.

Il porte ensuite seize toiles disposées alternativement, une en long l'autre en hélice. Chacune de ces toiles est rendue imperméable au moyen d'une feuille mince en caoutchouc de trois quarts de millimètre d'épaisseur. Après les huit premières toiles, on place une hélice en fil de fer de $2^{\text{mill}}.5$ de diamètre et garnie de caoutchouc. Une hélice de la même force recouvre les huit dernières toiles.

Ainsi confectionné, avec une section intérieure de 10 millimètres, ce tuyau résiste très-bien à une pression de 60 atmosphères.

Les points faibles de ce tuyau sont les parties où se trouvent les ligatures sur les douilles des raccords coniques. Pour les y maintenir solidement, j'ai adopté deux brides en fer qui serrent le caoutchouc et s'opposent absolument à ce que le tuyau puisse être arraché.

Le tuyau se termine par un robinet à trois ouvertures qui permet de mettre le tuyau en communication à la fois avec le régulateur et le manomètre.

Régulateur à haute pression. — Le régulateur à haute pression est en tôle d'acier avec double rang de rivets, ou bien en bonne tôle soudée.

Il a une capacité de 35 litres et un poids correspondant de 50 à 60 kilogrammes. Ce poids est nécessaire pour lester l'appareil sur le dos de l'ouvrier au fond de l'eau.

Il est en tout semblable au régulateur à basse pression, mais il porte de plus que ce dernier un robinet de purge. A chaque coup de piston, une petite quantité d'eau est envoyée dans le régulateur, environ un litre tous les 200 coups. Il faut donc purger de temps en temps l'appareil. Pour cela, le régulateur est placé verticalement, l'eau s'échappe par le robinet chassé au dehors par la pression extérieure, et par son propre poids. Dès que l'eau est évacuée, on ferme le robinet.

L'épaisseur des tôles des appareils à haute pression est de 10 millimètres. Ils sont destinés à résister à une très-forte pression, par conséquent il faut employer ou l'acier ou de la bonne tôle. Avec ces précautions, l'emploi d'une pression aussi considérable que celle de 40 atmosphères n'a rien de dangereux et elle devient, au moyen du compresseur, très-pratique.

En effet, l'accumulation de cette force est on ne peut plus régulière; la pression augmente de la même quantité dans le récipient à chaque coup de piston. C'est, pour ainsi dire, un ressort que l'on tend peu à peu.

De plus, par la suppression de la chaleur, le métal n'est pas soumis à la cause principale de la diminution de résistance des métaux. Le régulateur n'a donc à supporter aucun choc brusque, il n'est exposé à aucun des accidents qui peuvent altérer l'état des corps. Il est soumis simplement à un effort de traction.

En appliquant à ces appareils la formule de résistance des matériaux pour des diamètres de 5o centimètres, on voit que l'on peut se servir avec la plus complète sécurité de pressions qu'il serait tout à fait impossible de manier dans d'autres conditions.

CHAPITRE III.

EXPÉRIENCES SUR LES APPAREILS A HAUTE PRESSION. — DURÉE DU FONCTIONNEMENT, SA FIN. — APPLICATION A LA MARINE. — ENTRÉE DES SOUTES A CHARBON. — APPLICATION A LA GUERRE, AUX TRAVAUX HYDRAULIQUES. — APPLICATION DE LA VAPEUR AU COMPRESSEUR COMPENSATEUR.

J'ai fait de très-nombreuses expériences sur les appareils à haute pression par des fonds de 5 à 6 mètres. Les appareils avaient une capacité de 55 litres.

Le compresseur à quatre corps dont je me servais avait un premier corps de pompe de 2 litres ; il était manœuvré par 10 hommes. J'atteignais aisément la pression de 30 atmosphères dans 14 minutes en faisant donner de 35 à 40 coups de piston par minute.

Les corps de pompe ni les pistons ne s'échauffaient jamais.

L'eau expulsée par le robinet de purge change de couleur avec la pression. A 30 atmosphères, elle est blanche comme du lait et d'un goût assez doux.

Durée de la provision d'air. — Avec cette provision d'air, l'ouvrier reste généralement sous l'eau pendant trois quarts d'heure. Je dois ajouter que cette consommation varie beaucoup avec l'homme ; si ce dernier a un peu l'habitude de l'appareil, qu'il respire avec calme, on peut très-bien calculer le temps qu'il a à rester sous l'eau. Les bulles d'air aspiré montent à la surface à des intervalles égaux. En les suivant avec une montre à secondes, on les voit se succéder avec une régularité parfaite, et c'est là un indice précieux de l'état de bien-être du plongeur.

Si, au contraire, l'ouvrier a peur, sa respiration est oppressée, les mouvements de ses poumons sont plus rapides et la consommation beaucoup plus grande.

Il n'est pas rare de voir l'appréhension du plongeur novice porter à 100 le nombre des battements de son pouls avant qu'il entre dans l'eau.

La consommation d'air varie aussi beaucoup suivant la force de l'homme. J'ai vu deux plongeurs très-exercés rester chacun plusieurs heures sous l'eau, le premier ayant toujours 15 inspirations, le second 24 par minute.

Mais dans les circonstances ordinaires, et *pour un même homme*, il est facile de calculer le temps que durera sa provision d'air.

Fin du jeu du régulateur. — Dès que la pression dans le réservoir d'air a atteint la pression du milieu ambiant, le jeu alternatif du plateau cesse, l'ouvrier fait le vide dans la chambre à air et le réservoir, dont la soupape reste entièrement ouverte.

Le plongeur s'en aperçoit immédiatement. Sa respiration, de libre qu'elle était auparavant, devient difficile ; mais avant qu'il ait entièrement épuisé sa provision d'air, il s'écoule un espace de temps assez notable pour que, dans la plupart des cas, ils puissent revenir à l'échelle de descente. Je n'ai jamais vu un ouvrier obliger d'abandonner son appareil sous l'eau dans le cours de mes essais ; ils revenaient à l'échelle, disant qu'il n'y avait plus d'air dans leur régulateur.

Applications à la marine. — Je pense que les appareils à basse pression sont plus aptes à être embarqués que les appareils à haute pression. Le compresseur compensateur à quatre corps est trop lourd et trop encombrant.

Mais avec un compresseur à deux corps on peut avoir une pompe très-ramassée, très-maniable et permettant de remplir un réservoir de 25 litres d'air à 16 atmosphères dans six minutes.

Un de ces réservoirs permet de faire vivre un marin sous la carène du navire pendant quinze à vingt minutes. C'est là une limite extrême, car la consommation d'air sous l'eau est rapide et pour une plus longue durée il est nécessaire de recourir au compresseur à quatre corps.

Un petit compresseur joint à deux régulateurs de 25 litres a paru une combinaison avantageuse à beaucoup d'officiers.

Cette note étant destinée à des marins, il est superflu d'indiquer les services que peut rendre à bord des plus petits navires un appareil aussi simple. Je me bornerai à en signaler deux applications assez nouvelles.

Entrée des soutes à charbon. — On peut pénétrer, en respirant l'air pur du régulateur, dans une soute à charbon remplie de fumée.

Applications à la guerre. — L'appareil à haute pression peut être utile dans certaines circonstances de guerre. On peut faire emporter à un homme résolu une grande provision d'air. Pour cela, il porterait à la main un gros régulateur; sur le plateau de cet appareil un ressort énergique agirait de manière à débiter de l'air dans le petit régulateur placé sur le dos, à un excès de pression suffisant: 6 ou 7 atmosphères par exemple. Pendant la guerre contre la Russie, on aurait trouvé dans les escadres françaises, beaucoup d'hommes assez déterminés pour aller couper la nuit les chaînes du port de Sébastopol, ou pour débarrasser les passes de Cronstadt des machines Jacobi qui les encombraient.

Applications aux travaux hydrauliques. — Mais l'application la plus importante des hautes pressions consiste dans les travaux hydrauliques. En tenant compte de la facilité avec laquelle on charge l'appareil, on peut entretenir au fond de l'eau plusieurs ouvriers à la fois, parfaitement libres de leurs mouvements, sans tuyaux gênants et souvent dangereux.

Application de la vapeur au compresseur compensateur. — Si l'on fait conduire le compresseur compensateur par une locomobile, on peut, en augmentant les dimensions de cette pompe, entretenir un atelier de plongeurs avec une économie extraordinaire. Une machine de trois à quatre chevaux comprimera facilement 1,400 litres d'air à 40 atmosphères en cinq minutes. Cette provision est suffisante pour faire vivre sous l'eau un ouvrier pendant une heure à une profondeur de 10 mètres. Par suite, cette locomobile peut, avec 12 régulateurs, fournir à la consommation d'air d'un atelier de 12 plongeurs.

Telles sont les conséquences de l'emploi nouveau de la force vitale du poumon, et de la disposition particulière de la pompe de compression. J'ai vérifié ces résultats dans des expériences qui ont duré plus d'une année.

NOTES.

NOTE I.

CALCUL DU COMPRESSEUR COMPENSATEUR A QUATRE CORPS DE POMPE.

Nous supposerons, pour estimer le travail nécessaire pour comprimer de l'air dans un corps de pompe:

1° Que cet air est d'abord réduit par un premier mouvement au volume voulu pour prendre la pression qu'il aura plus tard dans le récipient. Le travail de ce dernier mouvement est facile à calculer.

s étant la surface du piston ou du plateau supérieur du corps de pompe, *exprimé en centimètres carrés*, et p' le nombre d'atmosphères qui représente la pression de l'air à ce moment.

h représentant l'étendue en mètres du restant de corps de pompe que le piston a à parcourir,

$$sp'h$$

sera le travail. Quant au travail de la première partie du mouvement, soit x la quantité dont le corps de pompe s'est abaissé, l la course du piston, p la pression avant tout mouvement; le travail sera donné par l'intégrale définie

$$\int_0^{l-h} sp'dx.$$

Or nous avons, en désignant par v le volume du corps de

pompe, par v' le nouveau volume, lorsque le corps de pompe s'est abaissé de x,

$$\frac{v'}{v} = \frac{l-x}{l} = \frac{p}{p'};$$

d'où

$$p' = \frac{pl}{l-x}.$$

L'intégrale, en remplaçant p' par sa valeur, est donc

$$\int_0^{l-h} \frac{spl\,dx}{l-x}.$$

Si l'on pose $\qquad\qquad l - x = z$,
$$x = l - z \quad \text{et} \quad dx = -dz.$$

Substituant dans l'intégrale, on a à intégrer l'expression

$$-spl \int_0^{l-h} \frac{dz}{z},$$

c'est l'intégrale d'un logarithme.

Prenant les limites on a, pour l'expression du travail,

$$spl \log \frac{l}{h};$$

or,

$$\frac{l}{h} = \frac{v}{v'} = \frac{p'}{p}.$$

Le travail est donc

$$spl \log \frac{p'}{p}.$$

L'ensemble des deux travaux est

$$sp'h + spl \log \frac{p'}{p}.$$

D'après la loi de Mariotte,

$$p'h = pl.$$

$$\text{Travail total} = spl \left(1 + \log \frac{p'}{p} \right).$$

Cette expression peut être présentée sous une forme plus

simple; car le volume du corps de pompe en *centimètres cubes* est sL, L représentant la course du piston en centimètres, et comme l est exprimé en mètres, sl est la centième partie du volume en centimètres cubes, de telle sorte que le travail peut se rendre par la formule

$$\frac{1}{100}\, vp \left(1 + \log \frac{p'}{p} \right).$$

Cette formule suppose v exprimé en **centimètres** cubes. Si on l'exprime en litres, le nombre de kilogrammètres du travail sera marqué par

$$10\, vp \left(1 + \log \frac{p'}{p} \right).$$

Les logarithmes employés sont népériens.

Travail du premier corps de pompe. — La pression atmosphérique s'exerçant sur le corps de pompe, donne un travail exprimé par $10\, v$, qui doit être retranché de la formule précédente. L'air étant refoulé dans un second corps de pompe, nous supposerons qu'il y passe avec la pression p' qu'il a acquise dans le chapeau du premier corps, et qu'il soulève le second corps comme une force mesurée par cette pression p'. Le travail de cette force est $s'p'l'$ ou $10\, v'p'$, et comme $v'p' = vp$, ce travail est égal à

$$10\, vp.$$

Il faut diminuer ce travail de celui qui est dû à la pression atmosphérique sur ce 2e corps de pompe qui est égal à $10\, v'$. Or, $v' = \dfrac{vp}{p'}$; on a donc

$$10\, v' = 10\, \frac{vp}{p'},$$

et le travail est égal à

$$10\, vp \left(1 - \frac{1}{p'} \right).$$

Le travail du 1er corps sera donc

$$10\, vp \left(1 + \log \frac{p'}{p} \right) - 10\, v - 10\, vp \left(1 - \frac{1}{p'} \right)$$

$$10\, vp \left(\frac{1}{p'} + \log \frac{p'}{p} \right) - 10\, v.$$

Si l'on fait $p = 1$,

$$10\, vp \left(\frac{1}{p'} - 1 + \log p' \right).$$

Travail du deuxième corps de pompe. — Le travail du deuxième corps qui refoule l'air à la pression p'' sera donné par la formule

$$10\, v'p' \left(1 + \log \frac{p''}{p'} \right) - 10\, v',$$

ou

$$10\, vp \left(1 + \log \frac{p''}{p'} - \frac{1}{p'} \right);$$

tel est le travail du second corps de pompe.

Travail du troisième corps de pompe. — Le travail du troisième corps de pompe est d'abord

$$10\, vp \left(1 + \log \frac{p'''}{p''} \right),$$

d'où il faut retrancher le travail de l'atmosphère ou

$$10\, \frac{vp}{p''},$$

et le contre-travail de l'air agissant sur le piston du quatrième corps qui est égal à

$$\left(10\, vp - \frac{10\, vp}{p''} \right)$$

ou

$$10\, vp \left(1 - \frac{1}{p''} \right).$$

Donc le travail du troisième corps est :

$$10\, vp \left(1 + \log \frac{p'''}{p''} - \frac{1}{p''} - 1 + \frac{1}{p''} \right)$$

$$10\, vp \left(\log \frac{p'''}{p''} - \frac{1}{p''} + \frac{1}{p''} \right).$$

Travail du quatrième corps de pompe. — Le quatrième corps donne d'abord

$$10\, vp \left(1 + \log \frac{\mathrm{P}}{p''} \right).$$

Il faut en retrancher le travail produit par le passage de l'air du deuxième corps dans le troisième, tendant à abaisser le quatrième, diminué du travail de la pression atmosphérique sur ce troisième.

C'est

$$10\, v''p'' - 10\, \frac{v'p}{p''}$$

ou

$$10\, vp \left(1 - \frac{1}{p''} \right).$$

Il faut encore en retrancher le travail atmosphérique sur le quatrième corps ou

$$10\, \frac{vp}{p'''}.$$

L'expression du travail du quatrième corps est donc

$$10\, vp \left(1 + \log \frac{\mathrm{P}}{p''} - 1 + \frac{1}{p''} - \frac{1}{p'''} \right)$$

ou

$$10\, vp \left(\log \frac{\mathrm{P}}{p'''} - \frac{1}{p'''} + \frac{1}{p''} \right).$$

On peut essayer de le calculer en supposant au contraire le chapeau de petites dimensions et ayant sa capacité à peu près remplie par l'eau qui noie les soupapes. Dans cette hypothèse, il arrivera dans les trois premiers corps de pompe que l'air passera directement dans le vide qui se produit dans le corps de pompe suivant à mesure qu'il se soulève, par suite de l'abaissement du précédent.

Dans cette hypothèse, les valeurs que l'on obtiendra pour les quatre corps de pompe seront les suivantes :

$$1^{\text{er}} \text{ corps.} \dots \dots \quad 10v \left(\log p' - 1 + \frac{1}{p'} \right);$$

$$2^e \text{ corps.} \quad 10v\left(\frac{\log\dfrac{p''}{p'}}{1-\dfrac{p'}{p''}}-\frac{1}{p'}\right);$$

$$3^e \text{ corps.} \quad 10v\left(\log\frac{p'''}{p''}-\frac{1}{p''}+\frac{1}{p'''}\right);$$

$$4^e \text{ corps.} \quad 10v\left(1+\log\frac{P}{p'''}-\frac{1}{p'''}+\frac{1}{p^{iv}}-\frac{\dfrac{p'}{p''}\log\dfrac{p''}{p'}}{1-\dfrac{p'}{p''}}\right).$$

Dans ces formules $p=1$.

Le travail de ce quatrième corps a été calculé en supposant d'abord l'air porté à la pression P et refoulé ensuite par le soulèvement de la soupape dans le réservoir où la pression est P.

On voit que pour le premier et pour le troisième, nous obtenons des expressions identiques dans les deux hypothèses. Les expressions que l'on trouve pour le second et le quatrième corps de pompe donnent des valeurs qui diffèrent très-peu de celles qu'on a obtenues précédemment.

La réalité est comprise entre ces deux hypothèses extrêmes et l'égalité de travail est très-remarquablement approchée au moyen de cette disposition de corps de pompe de capacités décroissantes.

Pour la construction des diverses pompes de ce système, telles que compresseur à deux corps, compresseur à quatre corps à bras, compresseur à vapeur, il est bon d'approcher le plus possible de l'égalité du travail suivant le but que l'on se propose.

On doit alors faire entrer dans le calcul le volume du premier corps de pompe, le volume du réservoir et la pression à laquelle on veut charger ce récipient.

Il y a deux phases à considérer dans l'opération. Dans la première l'air n'a pas atteint dans le réservoir la pression qu'il atteindrait dans un des corps, si ce corps de pompe ne communiquait pas avec le récipient.

La deuxième phase commence à partir de l'instant où cette pression est atteinte, jusqu'à la fin de l'opération où l'air dans le réservoir aura la pression à laquelle on veut s'arrêter.

Ces calculs sont très-longs et exigent la résolution d'équations transcendantes ainsi qu'une table de logarithmes comprenant la somme de tous les logarithmes consécutifs depuis 1 jusqu'à 800. Les intégrales qui donnent le travail total pour le cas d'un compresseur à deux corps sont les suivantes :

Premier cylindre.

$$10v\left[\int_1^{q_1}\log(r+q)-q_1\log r+\left(\log p'-1+\frac{1}{p'}\right)\right].$$

Deuxième cylindre.

$$10v\left[n\left(1-\frac{1}{p'}\right)+\int_{q_1}^{N}\log(r+q)-n\log rp'\right].$$

Dans ces formules,

p étant la pression de l'air dans le premier corps de pompe ;

q le nombre de coups de piston nécessaire pour finir la première phase ;

r le rapport du volume du réservoir au volume du premier corps de pompe ;

N le nombre total des coups de piston dans les deux phases ;

p' pression dans le second corps de pompe ;

n nombre de coups de piston de la deuxième phase.

NOTE II.

DU JEU DE L'APPAREIL ROUQUAYROL CONSIDÉRÉ COMME RÉGULATEUR
POUR L'ÉCOULEMENT DES GAZ.

—

Il s'agit d'obtenir que le gaz comprimé passe dans la boîte en s'y maintenant a un excès à peu près constant de tension sur celle de l'air ambiant, afin que l'écoulement par l'ajutage placé sur le plateau soit aussi à peu près constant.

A cet effet, on posera sur le plateau de la boîte un poids K supérieur à la pression exercée sur la soupape par le gaz comprimé, c'est-à-dire plus grand que ps, s étant la surface de la soupape et p l'excès de pression du gaz sur celle de l'air.

Voici le jeu de l'appareil :

Le robinet d'écoulement étant d'abord supposé fermé, le gaz qui se répandra dans la boîte augmentera la tension de celui qui s'y trouve, et finira par la porter à un point tel que le plateau se soulèvera et que la soupape se refermera. En appelant S la surface du plateau et p' l'excès variable et croissant de pression du gaz de la chambre à air sur celle de l'air ambiant, la soupape se refermera dès que $p'S$ atteindra la valeur

$$K - (p - p')s$$

ou dès que p' vaudra

$$\frac{K - ps}{S - s},$$

valeur qui sera facilement obtenue d'après le rapport qui existe entre S et s et en prenant pour K un poids convenable.

Maintenant, si l'on ouvre le robinet d'écoulement, le gaz s'échappe à l'instant de la boîte, sa tension diminue, par suite le plateau descend et la soupape s'ouvre de nouveau. Le gaz de la boîte reprend donc de la tension, et ces divers effets étant simultanés, la soupape reste ouverte d'une quantité telle que p' vaille toujours $\frac{K - ps}{S - s}$.

On remarquera le *fait très-singulier* de l'augmentation de la vitesse d'écoulement à mesure que le gaz comprimé s'écoule et perd de sa tension.

Fin du jeu de l'appareil. — Comment se terminera le jeu de l'appareil ?

Lorsque p diminuant sans cesse aura acquis une tension telle qu'en se répandant au dernier instant dans la chambre à air sa pression soit seulement suffisante pour équilibrer le poids K, alors l'écoulement aura lieu en vertu de l'excès de cette pression sur celle de l'air, et l'appareil cessant son jeu puisque la pression sera la même dans le réservoir et la chambre à air, le poids K affaissera le plateau et l'écoulement aura lieu comme par un ajutage ordinaire.

Le jeu de l'appareil cessera quand p aura acquis à peu près une valeur p_1 telle que

$$p_1 s = K.$$

Jusqu'à ce moment l'écoulement aura été presque constant, croissant il est vrai sans cesse, mais d'une quantité peu sensible.

On peut rendre cet écoulement à peu de chose près constant et régulier. Pour cela on remplacera le réservoir par deux boîtes régulatrices. La première boîte enverra l'air dans le second réservoir, où la pression ne variera que dans d'étroites limites, et comme cette variation de la pression est la seule cause de la variation de la vitesse d'écoulement, on aura par l'ajutage de la seconde chambre un écoulement à très-peu de chose près constant et régulier.

Si l'on conserve les notations précédentes, soit K le poids mis sur le plateau de la première chambre et p la pression extérieure, P la pression dans le réservoir, p' la pression de l'air dans la chambre par suite de l'ouverture de la soupape, celle-ci tendra à se refermer lorsqu'on aura

$$K + pS = p'S + ps,$$

d'où

$$p' = p + \frac{K - p's}{S}$$

C'est là l'expression de la valeur maximum de p'.

De même la valeur maximum de la pression dans la deuxième

chambre sera donnée par la même formule, mais la pression p du réservoir aura au plus la valeur que nous venons de déterminer pour p'.

On aura donc pour valeur de la pression dans la deuxième chambre l'expression

$$x = p + \frac{K - \left(K + \dfrac{K - ps}{S}\right)s}{S}$$

$$x = p + \frac{K - ps}{S} - \frac{(K - ps)\,s}{S^2},$$

quantité que l'on peut supposer constante, car le dernier terme peut être négligé. En effet, S est, dans la pratique, au moins de 150 centimètres carrés et s d'un dixième de centimètre carré.

NOTE III.

INSTRUCTIONS SUR L'APPAREIL PLONGEUR A AIR COMPRIMÉ.

BASSE PRESSION.

Emploi de l'Appareil.

Pompes. — Pour se servir de la pompe, graisser les cuirs des pistons avec une matière grasse conservatrice du cuir (nous employons le saindoux), remplir les godets avec de l'eau douce, et donner quelques coups de balancier pour charger d'eau les pistons.

On reconnaît que les pistons sont noyés, lorsque l'eau est entraînée en dehors des bouts taraudés sur lesquels se vissent les écrous des tuyaux, ou au bruit de l'eau aspirée montant dans le corps de pompe ou le chapeau. La pompe peut fonctionner instantanément sans ces précautions; mais pour éviter toute fuite d'air, il est bon que les cuirs sont imbibés, et que l'on ait de l'eau au-dessus des pistons pour obtenir une fermeture hydraulique. Le graissage des cuirs avec du saindoux, au moment d'employer la pompe, n'a d'autre but que de la rendre très-douce. Dans un bon état d'entretien, cette pompe peut être conduite par deux mousses.

Dans le cours du travail, il arrive quelquefois qu'un peu d'eau se perd et est entraînée dans le régulateur. Il peut se faire alors que l'air fuie à travers le cuir et le corps de pompe. On reconnaît que ce fait se produit au bruit que fait l'air en s'échappant. Il n'y a qu'à vider un ou deux verres d'eau dans chaque godet pour avoir de nouveau une fermeture hydraulique.

Si l'on se sert d'une pompe à caisse, il faut avoir soin de ne vider dans la caisse que la quantité d'eau nécessaire à la garniture hydraulique. Il est évident que si l'on versait trop d'eau la pompe l'aspirerait et la reverserait dans les régulateurs qui seraient bientôt remplis; le plongeur respirerait alors de l'eau au lieu d'air. Il faut, dans ce cas, empêcher les pompeurs de mettre sans ordre de l'eau dans la caisse.

Tuyaux d'arrivée d'air. — Visser les raccords sur les écrous de la pompe, donner quelques coups de balancier pour souffler les tuyaux. Vérifier que l'air circule bien en bouchant les tuyaux avec le doigt quelques instants, s'assurer qu'il n'y a aucune fuite aux différents joints coniques. Dans ce but faire monter la pression, ce qui avec la pompe est obtenu dans trois ou quatre coups de piston.

Visser les tuyaux sur les régulateurs.

Régulateur. — Charger le régulateur sur le dos du plongeur. Pomper.

Il peut se faire que la pression sur la soupape intérieure ne fasse pas fermer hermétiquement cette dernière, qui a à soulever le poids de la tige, du plateau et de la calotte en caoutchouc. Il y a alors une petite fuite constante par le ferme-bouche. Cette fuite n'a aucune importance. On peut la faire cesser immédiatement en soulageant le plateau avec la main au moyen de l'écrou de la tige, ou bien en soufflant dans le ferme-bouche et forçant ainsi le plateau à remonter.

Une fois le poids du plateau surmonté, la soupape de distribution d'air ferme hermétiquement.

Le régulateur placé sur le dos, bien veiller à ce que le tuyau d'aspiration ne fasse pas de coude assez brusque pour gêner la circulation de l'air.

Du reste, la longueur et la position du tuyau sont calculées de manière à éviter autant que possible ces inconvénients.

Le régulateur doit être placé sur le dos le plus haut possible.

Bretelles. — La bretelle de gauche doit pouvoir se déboucler facilement en pressant sur le ressort d'attache.

Tuyau d'aspiration. — Le tuyau d'aspiration passe par-dessus l'épaule gauche.

Ferme-bouche. — Le ferme-bouche est découpé avec des ciseaux une fois pour toutes pour chaque plongeur suivant les dimensions de sa bouche; il se place entre les lèvres et les dents. Ces dernières serrent les deux appendices ménagés près du trou d'arrivée d'air. Le ferme-bouche qui fait joint sur les dents est ainsi fortement maintenu au moment de l'expiration par les lèvres et les dents.

Pince-nez. — Placer le pince-nez.

Le plongeur cherche avec ses doigts la place où les pelotes du pince-nez boucheront le plus complétement ses narines; il met le pince-nez à la place de ses doigts, puis il règle avec la vis de pression le serrage des pelotes, de manière à boucher hermétiquement le nez. Il s'aperçoit, en aspirant et expirant une ou deux fois, qu'une obturation complète est obtenue. Lier les cordons derrière le cou.

Soupape d'expiration. — La soupape d'expiration se place sur le tuyau destiné à la recevoir. On élargit avec les doigts la base cylindrique en caoutchouc, en évitant de faire force avec les ongles. Cette recommandation est une règle générale pour manier le caoutchouc. Éviter, pour ce dernier, tout tranchant, tout angle aigu. Avec cette précaution, les objets en caoutchouc vulcanisé se conservent très-longtemps. L'élasticité du caoutchouc fournit ainsi un bon joint. On peut ajouter, pour surcroît de précaution, une ligature en fil de chanvre ou de laiton.

Souliers. — Le plongeur met ses souliers en fonte en réglant la longueur des courroies. Il veille à ce que le ressort de la talonnière joue bien, de manière à pouvoir quitter le soulier instantanément sans même se baisser, en pesant avec un pied sur la pédale du soulier de l'autre pied.

Habit. — Dans les cas de froid le plongeur doit être revêtu de l'habit en caoutchouc. On met d'abord les deux jambes et successivement les bras. Le plongeur met sur la tête le masque, il gonfle à l'avance son coussin d'air, ou on le lui remplit lorsqu'il a le masque sur la tête. Ce coussin sert à bien appuyer le masque sur le contour de la tête du plongeur. On met la courroie en caoutchouc et l'on serre le cercle de serrage. On visse aussi le verre du devant de la figure. Le plongeur se sert de son robinet d'air pour garder dans le masque la quantité d'air dont il a besoin. Si la pression lui paraît trop grande, il n'a qu'à lâcher trois ou quatre expirations dans le masque, il se trouve immédiatement soulagé. Si l'air était au contraire en excès, en ouvrant le robinet, il l'évacue comme il lui plaît. Il place aussi commodément son ferme-bouche.

Envoyer un plongeur au travail. — *Tout homme se sert naturellement de l'appareil Rouquayrol.* La seule recommandation à faire aux plongeurs est de respirer avec calme et lorsqu'ils ont découpé le ferme-bouche pour la dimension de leur bouche, ils ne doivent point trop ouvrir les lèvres dans le mouvement d'aspiration.

Leur recommander de sucer pour ainsi dire constamment le tuyau d'aspiration.

Dès qu'un homme suit ces règles, il est apte à tout travail sous l'eau sans qu'il en résulte pour lui aucune espèce de fatigue.

Il avale sa salive très-facilement, il peut même tousser au moment de l'expiration.

Yeux. — Lorsqu'un homme qui n'est pas accoutumé à l'eau plonge pour la première fois sans habit, il a ordinairement les paupières un peu rouges. Cet effet disparaît entièrement au second et au troisième exercice. Il n'y a donc pas à garantir les yeux dans le service ordinaire des appareils plongeurs. On conserve ainsi le grand avantage d'une vision assez distincte au lieu d'être obligé, comme dans les autres appareils en usage, de travailler souvent à tâtons.

Oreilles. — Si l'on tient à éviter la sensation désagréable de l'eau, il faut boucher les oreilles avec un peu de coton imbibé d'huile.

Faire travailler le plongeur sous l'eau. — Le plongeur, sous l'eau, peut rester en communication avec l'air extérieur, soit par une corde d'appel, soit par son tuyau d'arrivée d'air qu'il a au côté droit. Il n'y a aucun danger pour sa sécurité, car il peut, en cas d'accident imprévu, se faire remonter par le tuyau ou la corde d'appel, et en cas de rupture de ces derniers, se débarrasser dans moins de vingt secondes de son régulateur et de ses souliers, et revenir en s'aidant de la pression de l'eau à la surface.

Manœuvre des pompes. — Pour la manœuvre des pompes, il faut que les pompeurs maintiennent l'aiguille du petit manomètre à une pression supérieure à celle qui agit sur le corps du plongeur.

On sait, en effet, que le jeu du régulateur est basé sur l'excès de pression de l'air contenu dans le réservoir inférieur, sur la pression du milieu ambiant.

Le corps de l'homme plongé à 10 mètres supporte 2 atmosphères de pression ; à 20 mètres, 3 atmosphères, et ainsi de suite.

Nous adopterons comme règle pratique d'avoir toujours un excès de pression de 1 atmosphère.

Pour le plongeur à 10 mètres, l'aiguille du manomètre ne devra pas descendre au-dessous de la division qui indique 3 atmosphères de pression effective, et pour une profondeur de 20 mètres au-dessous de la division correspondante à 4 atmosphères effectives.

Recommander aux pompeurs d'aller toujours à fond de course à chaque coup de piston.

Les pompes n'ont point d'espace nuisible et tout le travail des pompeurs est ainsi utilisé.

Envoyer deux plongeurs au travail. — Si l'on envoie les deux plongeurs en même temps sous l'eau, il n'y a pas d'autre précaution à observer que de maintenir la pression ; mais si l'un des plongeurs est déjà sous l'eau, et que l'on veuille y envoyer le second, il faut faire attention à la manière de charger le second régulateur. Si l'on ouvrait en effet en grand le robinet du second régulateur, l'air contenu dans le premier se précipiterait dans le second, la pression baisserait instantanément de moitié, et l'ouvrier placé sous l'eau serait exposé à manquer d'air pendant quelque temps.

On doit, dans ce cas, faire pomper plus fortement et ouvrir progressivement le robinet, en veillant l'aiguille du manomètre et en ne laissant pas tomber la pression.

Entretien de l'Appareil.

Entretien de la pompe. — Entretenir la pompe à air comme les pompes ordinaires. Quand on doit s'en servir d'une manière constante, garder les chapeaux, les corps de pompe, les godets et les balanciers polis ou au moins dans un état de propreté préservant de toute oxydation. Laisser l'eau sur les pistons.

Quand on ne s'en sert qu'à d'assez longs intervalles, mettre à sec toutes les pièces après la fin du travail. Veiller à ne pas détruire le rodage de la soupape du piston en la frottant avec un corps dur, l'essuyer avec du linge sec.

Entretien des tuyaux. — L'entretien des tuyaux n'exige aucun soin particulier. Il faut, après qu'ils ont été plongés dans l'eau, les faire sécher sans les exposer à un soleil ardent.

Entretien du régulateur. — Après s'être servi du régulateur, on peut le démonter. Pour cela on dévisse le tuyau d'arrivée d'air, on enlève le tuyau d'aspiration et la soupape d'expiration. On desserre ensuite le cercle de serrage, l'écrou de la tige de la soupape intérieure, on démonte le plateau et enfin la soupape en bronze d'aluminium. Laver à l'eau douce la calotte et le ferme-bouche. Les placer dans un lieu à l'abri de l'humidité. Après s'être servi du régulateur, on enlève le tuyau d'aspiration et l'on vide, s'il y a lieu, l'eau qui peut s'être introduite dans la chambre à air. On incline dans ce but la chambre, et l'on fait sortir l'eau par le bout métallique sur lequel se place le tuyau d'expiration.

On vide ensuite l'eau que la pompe peut avoir chassée dans le réservoir d'air en la faisant sortir par le bout taraudé sur lequel se visse le tuyau d'arrivée d'air. Ne pas laisser trop oxyder les différentes parties du régulateur, cercle de serrage, boucles, embout du tuyau de respiration, de la soupape d'expiration.

Peindre l'appareil avec une peinture conservatrice du métal.

Entretien des accessoires. — L'habit seul, parmi les accessoires, a besoin de quelques soins. Après s'en être servi, le faire sécher à l'ombre en le retournant ; ne pas laisser oxyder le cercle et le boulon de la fermeture.

Avaries qui peuvent se présenter dans la pratique.

Pompes. — Lorsqu'on se sert d'une pompe neuve, il peut arriver que la pompe ne fonctionne pas, les cuirs étant secs et le piston emmanché très-librement.

Enlever le boulon qui sert d'axe au balancier, démonter les corps de pompe, couvrir d'eau les pistons et laisser les cuirs s'imbiber pendant quelque temps.

Accélérer si l'on veut ce gonflement de cuir en employant de l'eau chaude.

La pompe fonctionnant, faire aspirer l'eau des godets et noyer ainsi les soupapes.

Dès que l'eau sort par les bouts filetés des chapeaux, vider à moitié les godets et ne serrer les raccords des tuyaux sur les bouts filetés ou sur les régulateurs que lorsque la pompe envoie de l'air humide au lieu d'un mélange d'eau et d'air.

On évite ainsi d'envoyer trop d'eau dans le réservoir du régulateur.

La pompe ayant servi une ou deux fois, on n'aura plus à employer ces précautions.

Un des corps de pompe peut voir son fonctionnement gêné ou même interrompu pour un des quatre motifs suivants :

1° L'eau ne couvre pas le piston ;

2° Un corps étranger, tel qu'un petit éclat de bois pris par le corps de pompe dans l'eau des godets, ou même la graisse figée d'une pompe mal entretenue, empêche une des deux soupapes de fonctionner ;

3° Les garnitures du chapeau de la pompe laissent fuir l'air ;

4° Les vis pressant le cuir du piston sur la bague en cuivre se dévissent et laissent passer l'eau et l'air.

Indiquer ces avaries, c'est donner le moyen d'y remédier.

En enlevant le boulon qui sert d'axe au balancier et élevant en l'air les corps de pompe, on a sous les yeux tous les organes de la pompe.

L'organe principal, la soupape, est fixé de manière à pouvoir être enlevé à la main et visité immédiatement.

Du reste, tout étant double dans l'appareil, la pompe peut voir son fonctionnement gêné momentanément, mais il est très-rare qu'il soit complétement interrompu dans le cours du travail sous l'eau.

Tuyaux. — Les tuyaux ne sont sujets à d'autres avaries qu'à la rupture sur un point faible. Dans ce cas, il faut changer la partie qui laisse fuir l'air. On coupe la partie avariée et l'on ajuste les deux bouts sur un raccord cylindrique garni de crans qui s'impriment au moyen d'une ligature extérieure sur le caoutchouc.

Il peut aussi se présenter une fuite à l'endroit où le tuyau s'applique sur la douille qui porte le cône. Il faut alors refaire cette ligature. On évitera cette avarie, la plus probable après un long usage des tuyaux, en ayant soin, lorsqu'on visse et dévisse les tuyaux, de se servir uniquement de la clef et de ne pas faire force avec la main sur la douille. En tournant et retournant cette douille, on décolle le tuyau qui a été fortement collé en fabrication sur cette douille, et l'on facilite le genre de fuite que nous venons de signaler.

Lorsque, par suite de ragages sur le fond, ou sur toute partie dure, la grosse toile qui sert d'enveloppe au tuyau est usée, il faut la changer, sans quoi le tuyau en caoutchouc serait rapidement coupé.

Régulateurs. — La calotte en caoutchouc peut être déchirée. Si dans le courant d'une longue navigation on a épuisé les rechanges fournis avec l'appareil, on peut remplacer cette calotte par une coiffe en cuir souple qui peut être fabriquée par les moyens du bâtiment. Il peut arriver, lorsqu'on monte et démonte souvent le plateau, que la tige de la soupape ne soit pas bien normale au plateau ; il en résulte que l'air ne circule pas symétriquement autour de la tige et du clapet tronconique, et il se produit un bruissement assez fort, surtout à la fin de l'aspiration au moment où l'air arrive avec le plus de force. Cette circonstance ne nuit en rien au bon fonctionnement de l'appareil, mais peut troubler un plongeur novice. Il vaut mieux dans ce cas démonter le plateau et bien le centrer.

Le même effet a lieu lorsque le jeu de la calotte est contrarié en un point quelconque par le cercle de serrage.

Il faut, lorsqu'on monte le plateau, bien le fixer entre les deux rondelles et les écrous normalement à la tige, laisser suffisamment du jeu dans la coiffe de manière que le mouvement du plateau s'exécute très-librement.

S'assurer après avoir monté le plateau que la soupape intérieure joue bien, soit avec la main, soit au moyen du tuyau de respiration, en aspirant et soufflant plusieurs fois sous le plateau.

La soupape en bronze d'aluminium, la pièce la plus importante de l'appareil, n'est pas susceptible d'avarie.

Il n'y a qu'à l'entretenir toujours à sec et en préservant ses différentes parties de l'oxydation toujours très-lente sur le bronze d'aluminium.

On la visse sur le régulateur. Le joint se fait de préférence avec une rondelle de cuir gras et à défaut de cuir avec un peu de chanvre imprégné de céruse ou de minium.

Si par hasard la soupape ne fonctionnait pas bien, on pourrait être certain que quelque parcelle d'oxyde de fer, ou quelque petit corps étranger entraîné par l'air est venu empêcher le clapet de bien fermer,

Démonter cette soupape, dévisser les deux boutons, visiter le clapet et son siège, enlever le corps étranger, essuyer avec un linge sec ses différentes parties. Essayer avec la pompe si la soupape garde bien, remonter le plateau et serrer la calotte.

Avaries des accessoires. — Il ne peut y avoir d'avaries dans les accessoires. Dans le cas des travaux hydrauliques, de navigation dans les latitudes froides où l'on est obligé d'employer l'habit, celui-ci est exposé à se déchirer. Pour réparer un trou fait à l'habit, il faut avoir à sa disposition du caoutchouc liquide. On enduit la partie de l'habit déchiré et la pièce de toile destinée à boucher le trou de trois couches successives. On laisse sécher chaque couche pendant une heure, puis on colle la pièce sur la déchirure ; on laisse sécher, et l'imperméabilité est de nouveau obtenue.

MOYENNE ET HAUTE PRESSION.

Les instructions qui précèdent se rapportent aux appareils à basse pression aussi bien qu'aux appareils à moyenne et haute pression. Il y a de plus pour ce dernier genre de machines les règles suivantes à observer.

Emploi de l'appareil.

Les deux balanciers des grands compresseurs ne doivent pas partir en même temps de la même manière.

Le mouvement du second balancier ne doit commencer que lorsque le deuxième corps de pompe refoule l'air. Faire aspirer et par suite élever le troisième corps de pompe au moment où le second corps s'abaisse. Continuer à pomper. Chaque bras de levier doit s'abaisser au moment où le bras de levier de droite s'élève.

Bien recommander aux pompeurs d'aller à fond de course.

Veiller à ce que le robinet de la petite pompe à eau soit ouvert.

Tuyau de chargement. — Visser le tuyau de chargement sur le bout fileté du quatrième corps de pompe. Serrer les brides. Visser à l'autre extrémité le robinet à trois ouvertures surmonté du manomètre. Faire soutenir les extrémités du tuyau de chargement près des brides pour que le poids du tuyau ne fasse point casser les douilles des raccords coniques.

Visser le raccord du robinet sur le bout fileté extérieur de la soupape de retenue. Dès qu'on ne se sert plus du tuyau, desserrer les brides.

Régulateur. — Placer le régulateur verticalement sur un trépied, le robinet de purge placé au point le plus bas.

Pomper.

Faire la provision d'air au nombre d'atmosphères voulu, purger l'appareil, fermer le robinet dès qu'au lieu d'eau, il s'écoule un mélange d'eau et d'air.

Aussitôt le chargement terminé, fermer le robinet du côté de la pompe. Dévisser le raccord. L'excès de pression du réservoir d'air ferme aussitôt la soupape de retenue. Visser immédiatement le bouton fileté.

Si l'on charge successivement plusieurs régulateurs, évacuer l'air comprimé du tuyau dans celui qui va être chargé, sinon ouvrir le robinet et décharger le tuyau dans l'atmosphère.

Entretien de l'appareil.

L'entretien est le même que celui de l'appareil à basse pression.

Avaries qui peuvent se présenter dans la pratique.

En outre des avaries que nous avons énumérées précédemment, on peut avoir à refaire quelquefois le joint du tuyau de chargement. Dans ce cas, prendre la feuille de caoutchouc très-mince qui l'accompagne, rouler en hélice sur la douille cette feuille, enduire la surface extérieure de caoutchouc liquide, ainsi que l'extrémité intérieure du tuyau de chargement. Enfermer immédiatement la douille dans le tuyau, laisser sécher, puis placer par-dessus le tuyau les brides de serrage. On évitera ainsi les fuites au moins jusqu'à la pression de 60 atmosphères.

FIN.

TABLE DES MATIÈRES.

DEUXIÈME PARTIE.

NOTES.

FIN DE LA TABLE DES MATIÈRES.

Paris. — Imprimé par E. Thunot et Cie, rue Racine, 26.

ARTHUS BERTRAND

LIBRAIRIE MARITIME ET SCIENTIFIQUE

LIBRAIRE DE LA SOCIÉTÉ DE GÉOGRAPHIE.

CONSTRUCTIONS NAVALES. — MACHINES MARINES.

ASTRONOMIE. — HYDROGRAPHIE.

ARTILLERIE ET COMBAT. — TACTIQUE NAVALE.

HISTOIRE ET JURISPRUDENCE MARITIMES.

OUVRAGES SPÉCIAUX POUR LES ÉCOLES D'HYDROGRAPHIE
ET CAPITAINES AU LONG COURS.

PARIS

RUE HAUTEFEUILLE, 21, PRÈS L'ÉCOLE DE MÉDECINE.

NOVEMBRE 1864.

ARTHUS BERTRAND, ÉDITEUR

LIBRAIRIE MARITIME ET SCIENTIFIQUE

21, RUE HAUTEFEUILLE, A PARIS.

CATALOGUE.

ALONCLE, ancien élève de l'école polytechnique, capitaine d'artillerie de marine.— **ÉTUDES SUR L'ARTILLERIE RAYÉE DE MARINE, CONDITIONS INDISPENSABLES AU CANON DESTINÉ AU SERVICE DE LA FLOTTE,** l'artillerie rayée en France et en Angleterre. Opinions du commandant Robert Scott, du capitaine Fishbourne et de sir Williams Armstrong sur le meilleur canon pour la marine. Dernières expériences de Shœburyness. Résultats. Conclusion. Suivi de notes et de tableaux comparatifs. In-8 accompagné de 4 grandes planches gravées.

ANNUAIRE DE LA MARINE ET DES COLONIES.

BOUCHER. — **LE CONSULAT DE LA MER,** ou pandectes du droit commercial et maritime, des usages commerciaux et maritimes du moyen âge suivis encore en Espagne, en Italie, à Marseille et en Angleterre comme lois, et partout ailleurs comme raison écrite; précédé de l'historique des coutumes maritimes des temps anciens, suivi des pièces justificatives. 2 vol. in-8° avec des tableaux.   15 fr.

BOURGOIS, capitaine de vaisseau. — **RAPPORT A SON EXCELLENCE M. LE MINISTRE DE LA MARINE SUR LA NAVIGATION COMMERCIALE A VAPEUR DE L'ANGLETERRE,** suivi de considérations théoriques et pratiques sur les appareils moteurs et les hélices, installation, arrimage et mâture. 1 vol. in-4 accompagné de 4 grandes planches gravées.   16 fr.

> Historique et statistique de la navigation à vapeur et considérations techniques. Tableaux synoptiques des contrats passés avec le gouvernement pour le transport des malles et des recettes postales qui en dérivent, états du matériel des compagnies anglaises de navigation à vapeur de long cours, et documents divers sur les compagnies transatlantiques anglaises ainsi que sur le cabotage.

— **MÉMOIRE SUR LA RÉSISTANCE DE L'EAU** au mouvement des corps et particulièrement des **BATIMENTS DE MER,** notions théoriques et fondamentales sur la résistance et formules générales. 1 vol. in-4 vélin accompagné de plusieurs tableaux donnant le résultat de toutes les expériences, et de 3 grandes planches gravées.   12 fr.

> Expériences de Beaufoy sur les corps plongés et les corps flottant à fleur d'eau. Expériences de Bossut, d'Alembert et Condorcet sur les corps flottants

et sur l'influence des limites du milieu. Mesure de la résistance des carènes des navires par les expériences dynamométriques de remorque, — par les expériences de traction au point fixe, — par la comparaison des coefficients d'utilisation. Vérification des valeurs de la résistance par le calcul et l'observation des coefficients d'avance des bâtiments à hélice.

BOURGOIS, capitaine de vaisseau. — **RÉFUTATION DU SYSTÈME DES VENTS DE MAURY**, in-8 accompagné de 3 pl. gravées.   4 fr. 50 c.

BOUTAKOFF (l'Amiral). — Voyez DE LA PLANCHE.

BRAVAIS, lieutenant de vaisseau, professeur à l'école polytechnique, membre de l'Institut.—**ASTRONOMIE, HYDROGRAPHIE ET PHYSIQUE** *des Voyages en Islande, Scandinavie, Laponie, au Spitzberg et aux Féroé.*

MÉTÉOROLOGIE, 3 vol. grand in-8 accompagnés d'un atlas de 6 planches in-folio.   55 fr.

Observations météorologiques faites à terre pendant les relâches et pendant l'hivernage. Comparaisons barométriques faites dans le nord de l'Europe. Variations et état moyen du baromètre. Sur la température de l'air, ses variations et son état moyen. Des températures par rayonnement. Hygrométrie. Nuages et vents dans le nord. Mesure des hauteurs par le baromètre optique astronomique.

ASTRONOMIE, HYDROGRAPHIE ET MARÉES, un vol. grand in-8 accompagné d'un atlas de 9 planches in-folio.   40 fr.

Longitudes et latitudes déterminées. Marées observées. Dépression de l'horizon et phénomène du mirage. Sur les températures de la mer. Sondages et courants dans les mers du nord. Phénomènes crépusculaires. Étoiles filantes. Densité de l'eau de la mer.

MAGNÉTISME TERRESTRE, 3 vol. grand in-8 accompagnés d'un atlas de 8 planches in-folio.   60 fr.

Variations et mesure de la déclinaison magnétique, ainsi que l'intensité magnétique horizontale, etc.

AURORES BORÉALES, un vol. grand in-8 accompagné d'un atlas de 12 planches grand in-folio.   42 fr.

Description de toutes les observations avec leurs résultats.

HISTORIQUE DES HYPOTHÈSES FAITES SUR LA NATURE ET LA CAUSE DES AURORES BORÉALES. In-8.   2 fr.

SUR LES MARÉES OBSERVÉES. In-8 avec 2 planches gravées. 6 fr.

GÉOGRAPHIE PHYSIQUE, 2 vol. grand in-8 accompagnés d'un atlas de 4 planches in-folio.   35 fr.

Observations sur les glaciers du Spitzberg comparés à ceux des Alpes de la Suisse et de la Norwége. Mémoires sur la limite des neiges perpétuelles sur les glaciers du Spitzberg, ainsi que sur les phénomènes diluviens et les théories où on les suppose produits par les glaciers. Observations sur la direction qu'affectent les stries des rochers de la Norwége. Note sur le phénomène erratique du nord de l'Europe et sur les mouvements récents du sol scandinave, etc.

Ouvrage publié par ordre du Gouvernement.

BONNEFOUX (DE), capitaine de vaisseau. — **VIE DE CHRISTOPHE COLOMB,** 1 vol. in-8 orné d'une vignette. 6 fr.

CAVELIER DE CUVERVILLE, capitaine de frégate.—**ÉTUDES THÉORIQUES ET PRATIQUES SUR LES ARMES PORTATIVES, COURS DE TIR,** à l'usage des officiers qui n'ont pu suivre les cours de l'école normale du tir de Vincennes; développements des leçons professées à l'école normale impériale; étude pratique des armes à feu portatives, étude théorique et pratique du tir, étude des armes rayées et de leur projectilité, études complémentaires, etc. 1 vol. accompagné de grandes planches gravées. 15 fr.

COLLOMBEL, capitaine d'artillerie de marine. — **ESQUISSES DES CONNAISSANCES INDISPENSABLES AUX OFFICIERS** qui servent dans la marine militaire et dans l'artillerie de la marine, avec des considérations sur la spécialité de ces deux armes. 1 vol. in-8. 3 fr.

CONSEIL, capitaine de port à Dunkerque. — **GUIDE PRATIQUE DE SAUVETAGE** à l'usage des marins. 1 vol. grand in-8 accompagné de nombreuses figures dans le texte et de 2 planches gravées. 6 fr. 50 c.

    Livre premier. — Du naufrage en général. — Cas divers. — Moyens naturels de combattre le danger.

    Livre deuxième. — Engins de sauvetage à bord des navires et leur emploi. — Moyens d'y suppléer quand on n'en est pas pourvu.

    Livre troisième. — Engins de sauvetage dans tous les ports et sur le littoral. — Personnel obligé d'un poste de sauvetage. Nomenclature des objets qui doivent former le matériel d'un poste de sauvetage côtier. Moyens de se servir de ces différents engins. — Secours à donner aux naufragés et rappeler à la vie ceux qui sont dans un état de mort apparente.

    Livre quatrième. — Procédés employés pour sauver les navires et leurs cargaisons.

DE FOLIN, capitaine de port.— **GUIDE DU CAPITAINE ET DU PILOTE** dans les rapports qu'ils doivent avoir pour diriger un navire, recueil de toutes les communications qui peuvent être échangées entre un capitaine et un pilote dans les principales langues de l'Europe, disposé de telle sorte que tous deux puissent lire en même temps la même phrase; 1 fort vol. in-8.

    La première partie traite les différentes phases de la navigation, depuis l'abordage du navire par le pilote jusqu'à l'arrivée au port, et depuis la sortie du port jusqu'au congé que reçoit le pilote. La seconde partie est un vocabulaire comprenant les mots usités dans la marine dans les principales langues européennes.

    Ouvrage approuvé par S. Exc. M. le Ministre de la marine.

DE FRÉMINVILLE, ingénieur de la marine, professeur à l'école du génie maritime. — **COURS PRATIQUE DE MACHINES A VAPEUR MARINES,** professé à l'école d'application du génie maritime. 1 très-fort vol. grand in-8°, avec figures dans le texte, accompagné d'un atlas renfermant 100 planches. 55 fr.

    L'atlas se compose de 90 planches gravées, grand in-folio, représentant l'ensemble des machines et tous leurs détails, avec les cotes exactes à chaque pièce, et 8 grands tableaux numériques de comparaison, donnant la dimen-

sion juste et précise de chaque pièce. Pour chacune d'elles, l'auteur a établi
la charge par centimètre carré qu'elle supporte d'un fonctionnement régulier. Ce travail, de la plus grande utilité, n'avait jamais été publié jusqu'à
présent.

Première partie. Historique. Machines marines à balancier et à roues.
Définition de la puissance des machines à vapeur. Examen des résultats obtenus avec les machines marines à balancier. Machines à roues à connexion
directe. Principaux types de machines à connexion. Examen des résultats
obtenus. Machines à hélices. Principaux types de machines à hélices. Résultats obtenus. Machines de divers systèmes. Machines à haute pression. Machines à hélices pour transports. Machines à pilon. Machines à cylindres
inclinés. Machines rotatives.

Seconde partie. Cylindres à vapeur. Dimension et formes principales.
De la consommation de la vapeur. Accessoires des cylindres. Piston moteur.
Orifice du cylindre à vapeur. Du tiroir. Tiroirs équilibrés. Tiroir à coquille.
Étude de la régulation. Épure circulaire. Épures de vérification. Mesure de
la puissance des machines à vapeur. Mécanismes de changement de marche.
Coulisse Stephenson. Appareils propres à modérer la puissance des machines.
De la valve. Appareils de détente variable. Appareils de condensation. Con-
denseurs à injection directe. Condenseurs à surface. Pompes à air. Bâche
et tuyau de décharge. Appareils d'alimentation. Tiges et traverses du piston.
Grande bielle. Guides. Balanciers. Manivelles. Arbres. Paliers. Forces d'iner-
tie. Roues à aubes fixes et articulées. Des hélices. Formes des hélices. Installation des arbres. Hélices fixes. Hélices amovibles.

Ouvrage approuvé par S. Exc. M. le Ministre de la marine.

DE FRÉMINVILLE, ingénieur de la marine, professeur à l'école du génie
maritime. — **TRAITÉ PRATIQUE DE CONSTRUCTION NAVALE**,
1 fort vol. in-8 accompagné de nombreuses figures dans le texte et d'un
atlas grand in-folio renfermant 14 planches gravées.   23 fr.

Première partie. — Tracé des plans de navire et calculs qui s'y rapportent.
Seconde partie. — Construction en bois.
Troisième partie. — Constructions en fer,

Donnant chacune la description très-détaillée des derniers types et des derniers modèles adoptés dans la construction navale, avec tous leurs accessoires.

— **NOTE SUR LES NAVIRES CUIRASSÉS** et quelques paquebots à
vapeur de la marine anglaise, in-8, avec une planche.   3 fr.

DELACOUR, ingénieur de la marine et directeur des constructions navales des
messageries impériales. — **ÉTUDE SUR LES MACHINES A VAPEUR
MARINES ET LEURS PERFECTIONNEMENTS**, surchauffe de
vapeur, grandes détentes, condensation par surfaces, haute pression, etc.,
brochure in-8 avec figures.   2 fr.

DE LA PLANCHE, lieutenant de vaisseau. — **NOUVELLES BASES DE
TACTIQUE NAVALE DES NAVIRES A VAPEUR**, ouvrage tra-
duit du russe de l'amiral *Boutakoff*, 1 vol. in-8, avec de nombreuses figures
dans le texte, et accompagné de 26 planches gravées, dont une grande partie
en couleurs.   15 fr.

Ouvrage publié par les ordres de S. Exc. M. le Ministre de la marine.

DE LAPPARENT, directeur des constructions navales et du service général des bois de la marine. — **DU DÉPÉRISSEMENT DES COQUES DES NAVIRES EN BOIS,** et des moyens de le prévenir, in-8 avec figures dans le texte.   2 fr.

Choix et emploi des bois. — Conservation des bois d'approvisionnement et desséchement artificiel préalable de ceux mis en œuvre. — Précautions à prendre dans le cours de la construction et préparations à appliquer au bois, soit pour neutraliser les agents de destruction, soit pour mettre les bois en état d'y mieux résister.

Ouvrage autorisé par S. Exc. M. le Ministre de la marine.

—**ASSAINISSEMENT ET DÉSINFECTION DES CALES DE NAVIRE** par la carbonisation, au moyen du gaz forcé; addition au mémoire précédent. Broch. in-8.   50 c.

—**INSTRUCTION SUR LES BOIS DE MARINE ET LEUR APPLICATION AUX CONSTRUCTIONS NAVALES**, suivie du **TARIF OFFICIEL POUR LA RECETTE ET LE CLASSEMENT DES BOIS DE CONSTRUCTION,** 1 vol. in-4 avec fig. sur bois, accompagné : 20 fr.

1° D'un tarif donnant l'équarrissage au milieu et le cube, *au cinquième déduit*, des arbres dont la hauteur et le tour, au pied et sur écorce, sont connus ;

2° De 42 planches gravées représentant : le *dendromètre* (instrument pour mesurer la hauteur des arbres sur pied); des *coupes* de navire, où l'on voit la fonction, dans la charpente d'un vaisseau, de chacune des pièces qui figurent au tarif officiel ; enfin de *découpes* d'arbres indiquant le meilleur parti à tirer des arbres, d'après leurs formes et leurs dimensions, avec l'extrait du tarif officiel ;

3° De 16 planches lithographiées *en couleur*, montrant les qualités et les vices principaux des bois de chêne.

Ouvrage publié d'après les ordres de S. Exc. M. le Ministre de la marine.

—**TARIFS ET TABLEAUX DIVERS POUR LE CUBAGE ET LE CLASSEMENT DES BOIS DE MARINE.** 1 vol. in-12.   3 fr.

Tarif de recette et de classement des bois de chêne.

Tableau des équarrissages théoriques, correspondant aux divers diamètres sur franc-bois.

Tableau pour servir au classement approximatif des arbres sur pied jugés propres au service de la marine.

Tableaux régulateurs des équarrissages bruts à donner aux arbres en grume.

Tarif pour le cubage estimatif, au 1/5 déduit, des arbres sur pied.

Tarif pour le cubage, au 1/5 déduit, des bois en grume ou équarris.

Tarif de cubage pour les bois équarris, comprenant toutes les longueurs de 20 en 20 cent. et tous les équarrissages de 2 en 2 cent.

Chaque tarif est précédé d'une explication détaillée.

Ouvrage approuvé par S. Exc. M. le Ministre de la marine.

—**TARIF OFFICIEL POUR LA RECETTE ET LE CLASSEMENT DES BOIS DE MARINE,** in-4 accompagné de figures dans le texte.   1 fr. 50 c.

DELAMARCHE, ingénieur-hydrographe. — **OBSERVATIONS HYDROGRA-**

PHIQUES, PHYSIQUES ET MAGNÉTIQUES recueillies pendant la campagne dans les mers de l'Inde et de la Chine, à bord de la frégate *l'Érigone*, 4 vol. in-8. 64 fr.

> Cet ouvrage, où se trouvent consignées toutes les observations faites pendant le cours de ces campagnes, comprend l'itinéraire de la frégate, la liste des instruments employés et les tableaux des observations météorologiques, barométriques, thermométriques, magnétiques, d'inclinaison, de variation diurne, de déclinaison, d'intensité, etc., etc.

Ouvrage publié par ordre du Gouvernement.

DENAYROUSE, lieutenant de vaisseau. — **DESCRIPTION ET INSTRUCTION DE L'APPAREIL PLONGEUR ROUQUAYROL** à air comprimé, basse pression. Brochure in-18, avec figures. 50 c.

DONEAUD, professeur à l'École navale impériale. — *Voyez* LEVOT.

DUBOIS, professeur à l'école navale impériale. — **COURS DE NAVIGATION ET D'HYDROGRAPHIE.** 1 très-fort vol. grand in-8 renfermant plus de 200 grandes figures intercalées dans le texte et 9 planches gravées. 15 fr.

> De la boussole. Des connaissances des temps. Du cercle à réflexion. Du sextant et de l'octant. Des erreurs d'observations. Des chronomètres. Les régler. Détermination de l'heure vraie ou moyenne d'un lieu à l'aide d'une hauteur du soleil ou d'un autre astre. Détermination de la latitude et de la longitude. Déterminer la variation du compas. Des courants. Des cartes marines.
>
> Géodésie. Détermination des positions géographiques des sommets principaux du canevas géodésique. Du nivellement géodésique. Lever d'une carte marine et d'un plan hydrographique. Détails topographiques.

— **COURS D'ASTRONOMIE, DE GÉOMÉTRIE ET DE MÉCANIQUE CÉLESTES, ET NOTIONS SUR LES MARÉES,** à l'usage des officiers de marine. 1 vol. grand in-8, avec de nombreuses figures intercalées dans le texte et 4 grandes planches gravées. 10 fr.

> Définitions astronomiques. Mouvement général de la sphère céleste. Coordonnées servant à déterminer la position d'un astre dans la voûte céleste. Instruments propres à mesurer le temps, les instants et les angles. Étude des étoiles. Étude du soleil. Étude de la lune. Différents modes d'observation. Éclipses. Calculs des éclipses. Études des planètes et des satellites. Notions sur les comètes. Éléments de mécanique céleste. Détermination des rapports des masses planétaires à la masse du soleil. Aberration de la lumière. Notions sur les marées.

— **THÉORIE DU MOUVEMENT DES CORPS CÉLESTES** parcourant des sections coniques autour du soleil, ouvrage traduit du *Theoria motus corporum* de *Gauss*, suivie de notes du traducteur. Un beau volume grand in-8 accompagné de tables et de trois planches gravées. 15 fr.

> Relations concernant une seule position dans l'orbite et dans l'espace. — Relations entre plusieurs positions dans l'orbite et dans l'espace. — Détermi-

nation de l'orbite d'après trois observations complètes. — Détermination d'une orbite d'après quatre observations, dont deux seulement sont complètes. — Détermination d'une orbite satisfaisant le plus près possible à un nombre quelconque d'observations. — Détermination des orbites, en ayant égard aux perturbations. — Tables. — Notes du traducteur. — Méthode d'Olbers pour la détermination des éléments paraboliques d'une comète, au moyen de trois observations complètes.

DUBOIS, professeur à l'école navale impériale. — **ÉTUDE HISTORIQUE SUR LES MOUVEMENTS DU GLOBE.** In-8. 2 fr.

— **L'ANNÉE ASTRONOMIQUE.** Revue annuelle des découvertes, des travaux, des instruments et appareils astronomiques récemment inventés. In-8. Année 1861. 2 fr. 50 c.

DUBREUIL, capitaine de vaisseau. — **MANUEL DE MATELOTAGE ET DE MANŒUVRE,** 5e édition, 1 vol. in-8° accompagné de plusieurs planches gravées. 7 fr.

DUPERREY, capitaine de frégate, membre de l'Institut. — **OBSERVATIONS HYDROGRAPHIQUES ET PHYSIQUES** recueillies pendant son voyage autour du monde sur la corvette *la Coquille*, 3 vol. in-4 et atlas grand in-folio. 250 fr.

  Hydrographie. 1 vol. grand in-folio composé de 52 cartes et 12 feuilles de texte. 200 fr

  Physique. 1 vol. in-4 de 294 pages, 7 planches dont 6 cartes; — **Hydrographie**, 1 vol. in-4 de 163 pages; — **Hydrographie et Physique**, 1 vol. in-4 de 333 pages. 60 fr.

N. B. Ces trois parties ne se vendent pas séparément.

  Tous les savants connaissent les travaux si justement estimés de *M. Duperrey* sur le pôle nord et l'intensité magnétique; c'est le seul ouvrage où ils se trouvent consignés.

Ouvrage publié par ordre du Gouvernement.

DU TEMPLE, capitaine de frégate, directeur de l'école des mécaniciens, à Brest. — **COURS COMPLET DE MACHINES A VAPEUR MARINES** fait, à Brest, aux mécaniciens de la marine. 2 vol. gr. in-8° accompagnés de 2 atlas renfermant 36 planches gravées. 21 fr.

  Tome premier, avec un atlas de 13 planches. 7 fr. 50 c.

    Arithmétique complète. — Géométrie. — Mécanique. — Physique. — Scaphandre.

  Tome second, avec un atlas de 23 planches. 13 fr. 50 c.

    Exposition générale des machines à vapeur. — Description. — Montage. — Conduite. — Travail. — Entretien et réparations. — Historique. — Tableaux divers.

Nota. Les questions du programme des candidats au long cours et au cabotage sont indiquées dans une table à part renvoyant à la partie du livre où elles sont traitées.

Ouvrage approuvé par S. Exc. M. le Ministre de la marine et rédigé d'après le nouveau programme officiel.

DU TEMPLE, capitaine de frégate, directeur de l'école des mécaniciens, à Brest.— **INSTRUCTIONS SUR L'ENTRETIEN ET LES EXERCICES DE LA MACHINE** à bord des navires armés, broch.   1 fr.

> Entretien des machines. — École de la machine. — Mise en marche. — Conduite de la machine. — Conduite des propulseurs. — Allumer et éteindre les feux. — Choix et embarquement du charbon. — Visites aux soutes.

— **DU SCAPHANDRE ET DE SON EMPLOI.** In-8° avec 2 pl.   2 fr.

> Circonstances dans lesquelles le scaphandre est d'un grand secours. — Description.—Usage.—Recouvrir le plongeur. — Conseils aux plongeurs. — Travaux sous-marins.—Signaux de convention.—Entretien du scaphandre.

—**RETOURS DES MANŒUVRES COURANTES SUR LE PONT D'UN NAVIRE DE GUERRE,** représentant le pont d'un navire avec toutes les manœuvres et le nom des cordages y aboutissant. Une grande feuille jésus in-plano.   1 fr. 25 c.

FITZ-ROY (l'amiral). — *Voyez* MOUCHEZ.

GARRAUD, capitaine de frégate. — **ÉTUDES SUR LES BOIS DE CONSTRUCTION,** 1 beau vol. in-18 accompagné de figures dans le texte.   3 fr. 50 c.

> Formation de végétaux. — Vie des arbres. — Terrains. — Coupe. — Dessiccation. — Écorcement. — Vices des bois. — Qualités des bois. — Monographie des bois durs, résineux, bois blancs et bois fins. — Cubage des bois en grume, équarris, courbes. — Dendromètre. — Résistance des bois. — Conservation des bois. — Extraction des forêts. — Règles générales de recette des bois de mâture. — Tableau de l'âge moyen des arbres au moment de la coupe la plus avantageuse. — Tableau de la hauteur des arbres, de leur croissance annuelle et des terrains qui leur conviennent. — Tableau représentant les indices qui signalent les défectuosités des bois et l'influence des vices sur l'emploi ou le rejet d'une pièce. — Modèles de marchés avec le ministère de la marine.

GAUSS, astronome. — Voyez DUBOIS.

GIQUEL, professeur d'hydrographie. — **NOTES D'ASTRONOMIE ET DE NAVIGATION,** augmentées d'une nouvelle méthode de latitude et d'observations relatives aux chronomètres et au grossissement des lunettes. 1 vol. in-8 avec 2 planches gravées.   5 fr.

GLOTIN, lieutenant de vaisseau. — **ESSAI SUR LES NAVIRES A RANGS DE RAMES DES ANCIENS,** in-8 avec une grande pl. gravée. 1 fr. 50 c.

GRIVEL, capitaine de frégate. — **LA GUERRE DES COTES,** attaque et défense des frontières maritimes, les canons à grande puissance. In-8°. 2 fr.

> La guerre des côtes au temps passé. — Les entrées de vive force et les barrages. — Les siéges maritimes et la nouvelle artillerie à grande puissance. —

Les débarquements et le transport des troupes. — Les bombardements maritimes. — La garde des côtes et la défense terrestre des frontières maritimes
jusqu'à nos jours. — Défense mobile des ports et rades par la marine. —
Organisation de la flotte garde-côte. — Le personnel et le commandement
des côtes.

GUÉPRATE, docteur ès sciences, directeur de l'observatoire de la marine. —
VADE-MECUM DU MARIN ou **MANUEL DE NAVIGATION**,
2 vol. in-8°, avec figures.   15 fr.

— **PROBLÈMES D'ASTRONOMIE NAUTIQUE ET DE NAVIGA-
TION,** précédés de la description et de l'usage des instruments et suivis d'un
recueil de tables nécessaires à ces problèmes, 3 vol. in-8°.   27 fr.

GUILLOUD, professeur de mathématiques. — **THÉORIE GÉNÉRALE DES
CALCULS PAR APPROXIMATION,** contenant une formule générale
qui exprime l'approximation du résultat d'un calcul quelconque, dont les
données ne sont connues que par approximation; diverses formules approxi-
matives, c'est-à-dire substituant un calcul plus simple à un autre, et donnant à peu près le même résultat; avec de nombreux exemples numériques
et l'application à la recherche des racines approchées des équations algébriques
ou transcendantes, soit par la formule de fausse position, soit par la formule de Newton rectifiée. 1 vol. in-8.   1 fr. 50 c.

— **CALCULS DES DÉRIVÉES,** contenant l'introduction au calcul différentiel
et au calcul intégral, la décomposition des fractions rationnelles, les quadra-
tures, le calcul des différences, les méthodes d'interpolation, les séries, etc.
1 vol. in-8.   3 fr.

— **COURS DE COSMOGRAPHIE.** 1 vol. in-8 avec planches.   3 fr.

JAL, historiographe de la marine et membre du comité historique des chartes. —
ARCHÉOLOGIE NAVALE. 2 vol. grand in-8 jésus vélin ornés de
70 vignettes gravées sur bois, **au lieu de 40 fr.**   25 fr.

KELLEY, ingénieur, à New-York. — **PROJET D'UN CANAL MARITIME**
sans écluse, entre l'océan Atlantique et l'océan Pacifique, à l'aide des rivières
Atrato et Truando, précédé d'une introduction sur les différents projets de
communication interocéanique proposés jusqu'à ce jour, par M. *V. A. Malte-
Brun*, et suivi d'une lettre de M. le baron *A. de Humboldt*. In-8 avec
carte.   3 fr. 50 c.

LAMBERT, professeur d'hydrographie, ancien élève de l'école polytechnique. —
**DE LA LOCOMOTION MÉCANIQUE DANS L'AIR ET DANS
L'EAU,** in-8 compacte.   5 fr.

LETOURNEUR, lieutenant de vaisseau. — **NOUVEAU GOUVERNAIL DE
FORTUNE.** Broch. in-8 accompagnée d'une planche lithographiée. 1 fr. 25 c.

LEVOT, bibliothécaire du port de Brest, et DONEAUD, professeur à l'École navale impériale. — **LES GLOIRES MARITIMES DE LA FRANCE,** biographie des marins, découvreurs, ingénieurs, médecins, hydrographes, etc., les plus célèbres de la marine française, 1 fort vol. in-12.

LAUNAY, chirurgien de la marine, médecin des prisons et du commissariat de l'émigration. — **LE MÉDECIN DU BORD**, à l'usage des capitaines et des officiers de la marine marchande. Un vol. in-12.   2 fr. 50 c.

 Règles générales pour l'examen et le traitement des malades. — Médicaments contenus dans le coffre, comprenant un numéro d'ordre, le nom du médicament, les quantités exigées suivant le nombre d'hommes d'équipage, la dose et la manière d'administrer. — Médicaments contenus dans le coffre, leurs doses, leur mode d'administration, leurs usages. — Formulaire, ou recettes diverses que l'on peut préparer avec les médicaments contenus dans le coffre. — De quelques ressources pour les malades, que l'on trouve en cours de voyage en dehors du coffre. — Observations sur les quantités de certains médicaments et sur les divisions de quelques autres.

LEWAL, capitaine de frégate. — **TRAITÉ PRATIQUE D'ARTILLERIE NAVALE,** 3 vol. grand in-8 avec figures dans le texte et accompagnés de dix-sept grandes planches gravées, dont plusieurs imprimées en couleurs.

 Tome 1. — Sabords. — Champ de tir. — Appareil de pointage. — Écouvillons. — Gargousses. — Inflammations accidentelles. — Culots et crasses. — Dégradation des lumières. — Valets. — Étoupilles à friction. — Installation des vaisseaux anglais. — Données d'expérience sur le tir. — Mesure des distances. — Déviations des projectiles dues à la vitesse du navire. — Passages des poudres et des projectiles.

 Accompagné de 8 grandes planches gravées et de figures dans le texte. 20 fr.

 Tome 2. — Pointage et chargement des pièces de mer. — Manœuvres, exercices et tirs des batteries, des gaillards des vaisseaux. — Instruction d'une deuxième batterie de vaisseau. — Instruction d'une première batterie de vaisseau armée de canons rayés.

 Manœuvres des pièces d'embarcations et des batteries de canons rayés de 4 employées à terre. — Manœuvres de force à bord et à terre. — Données d'expérience sur la manœuvre et le tir des bouches à feu marines.

 Accompagné d'une planche.   8 fr.

 Tome 3. — Tir convergent. — Tir précipité. — Tir à ricochet. Historique des travaux relatifs au tir convergent en France et en Angleterre. — Exposition du système du tir convergent. — Expériences de 1856. — Discussion du système et des résultats obtenus. — Expériences de 1859. — Adoption réglementaire de la méthode. — Principes d'exécution du tir précipité. — Expériences de 1857. — Discussion. — Application. — Installation. — Examen des principes et des règles du tir à ricochet. — Justesse du tir : données d'expérience sur les déviations. — Données d'expérience sur le ricochet du projectile sphérique. — Angles de chute, angles de réflexion, perte de vitesse. — Données d'expérience sur le tir ricoché.

 Accompagné de nombreuses figures intercalées dans le texte et d'un atlas renfermant 8 planches imprimées en couleurs.   20 fr.

 NOTA. — Chaque volume se vend séparément.

LEWAL, capitaine de frégate. — **TACTIQUE DES COMBATS DE MER.** 1 très-fort vol. grand in-8 accompagné de nombreuses figures dans le texte.

Introduction. — Historique des principaux combats de mer. — Bâtiments isolés. — Bâtiments réunis en escadres. — Méthode d'attaque et de défense. — Évolutions, manœuvres, emploi de l'artillerie et de la mousqueterie. — Principe d'évolution des navires à hélice. — Bâtiments cuirassés et artillerie à grande puissance chez les diverses nations maritimes. — Principes de combat.

LISSIGNOL, ingénieur de plusieurs compagnies de navigation à vapeur. — **LES ACCIDENTS DE MER,** moyens de les prévenir et nécessité d'une réforme dans la police maritime, 1 vol. in-8.　　　　　　　　　　3 fr. 50 c.

LIVRE DE CONSOMMATION DES PROVISIONS à l'usage de MM. les officiers chargés de la comptabilité des provisions à bord des navires du commerce, 1 vol. in-4.　　　　　　　　　　2 fr. 50

MERLIN, maître voilier, chargé de la voilerie à Toulon. — **TRAITÉ PRATIQUE DE VOILURE,** ou exposé des méthodes simples et faciles pour calculer et couper toutes espèces de voiles, 1 vol. in-8, avec figures dans le texte, et accompagné de nombreux tableaux de coupes de laizes, de toiles, etc., etc., et de 7 grandes planches gravées.　　　　　　5 fr.

PREMIÈRE PARTIE. — Du plan de voilure et de ce qui est relatif aux dimensions des voiles.
DEUXIÈME PARTIE. — Du tracé et de la coupe des voiles.
TROISIÈME PARTIE. — Confections, réparations et modifications des voiles.

MEUNIER-JOANNET, professeur à l'école navale impériale. — **COURS ÉLÉMENTAIRE D'ANALYSE** à l'usage de la marine, contenant un très-grand nombre d'applications, 1 vol. grand in-8°, avec de nombreuses figures dans le texte.　　　　　　　　　　10 fr.

Tableau des formules de trigonométrie. Complément de géométrie et d'algèbre. Notions de géométrie analytique. Éléments de calcul différentiel et intégral. Équations diverses et applications. Géométrie à trois dimensions. *Ouvrage approuvé par S. Exc. M. le Ministre de la marine.*

— **COURS D'ALGÈBRE ET DE TRIGONOMÉTRIE** à l'usage des écoles d'hydrographie pour les aspirants au long cours, rédigé d'après le dernier programme, 1 vol. in-8, fig. dans le texte.　　　　　　5 fr. 50 c.

NOTICE SUR LES MÉCANICIENS ET OUVRIERS CHAUFFEURS DE LA FLOTTE, résumé des conditions d'admission, d'avancement, de solde et de retraite attribuées aux divers grades, brochure in-8.　　　40 c.
Publié par le Ministère de la marine.

MOTTEZ, capitaine de frégate. — **RÉFLEXIONS SUR DIFFÉRENTS POINTS DE THÉORIE DU NAVIRE,** brochure in-8.　　　　　50 c.

MOUCHEZ, capitaine de frégate, et MAC CLEOD, professeur d'anglais au Borda. — **LE LIVRE DU TEMPS,** manuel pratique de météorologie à l'usage des marins ; ouvrage traduit du *the Wather book* de l'amiral *Fritz-Roy,* 1 vol. in-8, avec une planche gravée.

NORMAND (J. A.), constructeur de navires. — **MÉMOIRE SUR L'APPLI-CATION DE L'ALGÈBRE AUX CALCULS DE CONSTRUCTION DES BATIMENTS DE MER**, in-8, avec planches gravées.   1 fr. 75 c.

> Exposé d'une méthode nouvelle pour déterminer à priori les éléments principaux des bâtiments de mer.   1 fr. 75 c.
>
> Formules approximatives, pouvant servir à calculer : l'acuité longitudinale de la carène, — la distance du centre de déplacement en arrière du centre de longueur, — la distance du même centre à la flottaison, la hauteur du métacentre latitudinal au-dessus du centre de déplacement, — la hauteur du métacentre longitudinal au-dessus du même centre, — la surface de flottaison, — la surface de la coque, la surface de la carène.
>
> Applications de la méthode. Résolutions de quelques-uns des problèmes qui peuvent se présenter à l'étude des constructeurs.

PAGEL, capitaine de frégate. — **TACTIQUE NAVALE POUR LES NAVIRES A VAPEUR**, définitions, évolutions par contre-marche, par conversion ; règles générales à suivre, comparaison des deux genres d'évolution, changement de route, etc., etc. Broch. in-8, avec une planche gravée.   1 fr.

PARIS, vice-amiral, directeur général du dépôt des cartes et plans de la marine, membre de l'Institut (Académie des sciences). — **DICTIONNAIRE DE MARINE A VOILES ET A VAPEUR,** *seconde édition* augmentée et complétement refondue ; 2 vol. grand in-8, papier jésus, accompagnés de 24 planches gravées.   40 fr.

<table>
<tr><td>

VOLUME DE LA MARINE A VOILES.

Organisation militaire et administrative ;
Législation et pénalité ;
Droit international et maritime ;
Arsenaux et ateliers ;
Personnel et matériel ;
Construction et lancement ;
Arrimage, chargement et installation ;
Gréement, mâture et voilure ;
Armement et équipement ;
Amarrage à l'ancre ;
Manœuvres et circonstances de mer ;
Artillerie, canonnage et armes de combat ;
Bâtiments européens et extra-européens ;
Tactique navale et ordres divers ;
Notions astronomiques et météorologiques ;
Hydrographie, géodésie, cartes et instruments nautiques ;
Hygiène, police et discipline ;
Expressions familières et figurées ;
Détails particuliers et généraux relatifs à la marine à voiles de l'État et du commerce ;
Vocabulaire anglais-français des termes principaux de la marine à voiles.

</td><td>

VOLUME DE LA MARINE A VAPEUR.

Propriétés physiques de la chaleur et de la vapeur, tables ;
Nature et propriété des métaux, tables ;
Combustibles, leur qualité, leur emploi ;
Description des machines à vapeur ;
Détail de toutes leurs pièces ;
Chaudières, foyers, cheminées, chauffage ;
Outils divers pour les mach nes ;
Fonderies, forges, tour, ajustage ;
Confection et montage des machines ;
Conduite, dressage et entretien des machines ;
Propulseurs, hélices, roues à aubes ;
Navires à vapeur, mixte et en fer ;
Navigation par la vapeur ;
Machines à vapeur combinées ;
Machines à air chaud ;
Notices historiques sur les principaux inventeurs ;
Vocabulaire anglais-français des termes principaux de la marine à vapeur.

</td></tr>
</table>

Les deux volumes ensemble, 40 francs.

Le *Dictionnaire de marine à voiles*, accompagné de 7 planches gravées.   20 fr.

Le *Dictionnaire de marine à vapeur*, accompagné de 17 planches gravées.   22 fr.

Ouvrage publié sous les auspices de S. Exc. M. le Ministre de la marine.

— **L'ART NAVAL,** état actuel de la marine, description et discussion détaillées des derniers perfectionnements apportés tant dans la construction que dans les machines les plus modernes, 1 vol. in 4 suivi d'une grande table alphabétique de tous les articles et de toutes les figures avec renvoi aux numéros où ils sont traités et accompagné d'un bel atlas renfermant 21 planches in-folio gravées. 20 fr.

> Navires cuirassés. — Blindages. — Construction. — Tactique de combat. — Paquebots. — Embarcations, voitures et détails divers. — Machines marines. — Propulseurs. — Artillerie nouvelle.

PARIS, vice-amiral, membre de l'Institut (Académie des sciences). — **SUPPLÉMENT A L'ART NAVAL, OU DERNIÈRES INVENTIONS MARITIMES,** d'après des documents récents. In-8 accompagné d'une table alphabétique des matières avec renvoi aux numéros, et de onze grandes planches gravées. 4 fr. 50 c.

> Navires à tourelle du capitaine Coles. — Navires à tourelle américains. — Navires partiellement cuirassés de M. Reed. — Navires à réduit central du capitaine Symouds. — Manœuvre mécanique des canons, par le capitaine Cunningham. — Canon sous-marin du capitaine Coles. — Le Royal-Sovereign. — L'Entreprise. — Dernières constructions. — Dernières expériences, etc., etc.

— **CATÉCHISME DU MARIN ET DU MÉCANICIEN A VAPEUR,** ou traité des machines à vapeur marines, de leur montage, de leur conduite, de la réparation de leurs avaries ; 2ᵉ édition augmentée de la manœuvre des navires à roues à aubes ou à hélice, et d'une grande table alphabétique de tous les articles, avec renvoi aux numéros où ils sont traités. In-8 grand raisin avec de nombreuses figures dans le texte. 16 fr.

Ouvrage publié sous les auspices de S. Exc. M. le Ministre de la marine.

— **APPENDICE AU CATÉCHISME DU MARIN ET DU MÉCANICIEN A VAPEUR,** ou guide théorique du candidat au long cours, rédigé conformément au dernier programme, et description de divers appareils à vapeur marins avec toutes leurs pièces. In-8 accompagné de 10 planches gravées, avec plusieurs figures sur bois. 3 fr. 50 c.

TRAITÉ DE L'HÉLICE PROPULSIVE. 1 vol. in-8 jésus de 580 pages, avec 9 grands tableaux et figures dans le texte, suivi d'une table alphabétique de tous les articles, avec renvoi aux numéros où ils sont traités, accompagné de 16 grandes planches gravées. 22 fr.

Ouvrage publié sous les auspices de S. Exc. M. le Ministre de la marine.

— **UTILISATION ÉCONOMIQUE DES NAVIRES A VAPEUR,** moyens d'apprécier les services rendus par le combustible suivant la vitesse et la dimension des navires. 1 vol. grand in-8 accompagné de 25 tableaux et 12 grandes planches gravées, exposant les résultats des expériences et du service à la mer des navires. 8 fr.

— **MANŒUVRIER COMPLET** ou traité des manœuvres de mer et du gréement, à bord des bâtiments à voiles et à vapeur ; par MM. le baron *de Bonnefoux* et *E. Pâris*. 1 vol. in-8 de 580 pages avec figures dans le texte. 7 fr.

> *Ouvrage rédigé d'après le dernier programme pour servir au brevet de capitaine au long cours et maître au cabotage.*

PARIS, vice-amiral, directeur général du dépôt des cartes et plans de la marine, membre de l'Institut (Académie des sciences). — **ESSAI SUR LA CONSTRUCTION NAVALE DES PEUPLES EXTRA-EUROPÉENS,** ou collection des navires et pirogues construits par les habitants de l'Asie, de la Malaisie, du grand Océan et de l'Amérique, mesurés et dessinés par M. *Pâris*, pendant ses voyages autour du monde, à bord des bâtiments de l'État *l'Astrolabe, la Favorite* et *l'Artémise.* 1 fort vol. in-folio jésus vélin, de 160 pages de texte et 130 planches.   200 fr.

Ouvrage publié par ordre de S. Exc. M. le Ministre de la marine.

— **INSTRUCTIONS SUR LA MANŒUVRE DES CANOTS** naviguant avec grosse mer dans les brisants, accompagnées de renseignements pratiques à l'usage des marins des navires marchands ou des patrons de canots et suivies des moyens de faire revenir les noyés.   50 c.

— **VOCABULAIRES DES TERMES DE LA MARINE A VAPEUR :**

Allemand-français,	Italien-français,
Danois-français,	Russe-français,
Espagnol-français,	Suédois-français,
Hollandais-français,	

publiés sous la direction de M. *Pâris*, contre-amiral, par des officiers et des commissions nommées à cet effet d'après les ordres du ministre de la marine de ces différents pays.

Chaque vocabulaire forme une brochure grand in-8 jésus.   1 fr. 25 c.

PARIS et BONNEFOUX. — **GOUVERNAIL-FOUQUE** ou gouvernail supplémentaire, remplaçant au besoin et instantanément le gouvernail véritable ou de garniture. In-8 avec une planche.   50 c.

POUGET, capitaine de frégate. — **PRÉCIS HISTORIQUE SUR LA VIE ET LES CAMPAGNES DU VICE-AMIRAL COMTE MARTIN** pendant les années 1764 à 1797. In-8 orné de plusieurs planches.   6 fr.

REECH, directeur de l'école du génie maritime. — **MÉMOIRE SUR LES MACHINES A VAPEUR** et leur application à la navigation. Un vol. in-4 accompagné d'un grand atlas in-folio.   30 fr.

Faits d'expérience. — Théorie ordinaire. — Des machines à haute pression. — Des explosions et des dépôts salins ou terreux dans les chaudières. — De l'emploi des roues à aubes. — De la forme des bateaux à vapeur et de leurs dimensions absolues. — Des perfectionnements généraux à apporter dans le mécanisme.

REECH. — **MACHINES DU BRANDON.** Rapport à l'appui du projet des machines du Brandon, dressé en exécution d'une dépêche ministérielle. 1 vol. in-4.   15 fr.

REYNEVAL. — **DE LA LIBERTÉ DES MERS.** 2 vol. in-8 avec une table alphabétique.   10 fr.

SÉBILLOT, ingénieur civil. — **DES CONDENSEURS PAR SURFACES** et de l'application des hautes pressions à la navigation à vapeur, in-8 accompagné de 3 planches gravées.   3 fr. 50 c.

> Nécessité des hautes pressions pour la navigation à vapeur. — Condenseurs tubulaires de divers systèmes. — Des moyens de rendre pratique la condensation par surfaces. — Des machines marines à haute pression — Des chaudières marines à haute pression. — Étude comparative des principaux éléments des machines à haute pression et des machines actuelles. — Conséquences générales de l'emploi des hautes pressions sur mer. — Résumé et conclusions.

TAPIÉ, professeur de mathématiques, ancien officier de marine. — **GUIDE PRATIQUE DU NAVIGATEUR**, contenant 1° les modèles de tous les calculs astronomiques usités à la mer, avec notes dans le texte, expliquant la manière d'opérer dans tous les cas particuliers; 2° la carte du ciel; 3° une notice donnant la description et la position des principales constellations; 4° des tables pour faciliter les calculs les plus usuels, des tables pour faire le point, etc., etc. In-4 avec planches.   5 fr.

> Opérations sur les nombres sexagésimaux. — De l'estime. — Du point. — Connaissance des temps. — Correction des hauteurs. — Passage au méridien. — Levers et couchers des astres. — Aurore et crépuscule. — Passage au premier vertical. — Cas où l'angle de position est droit. — Variation du compas. — Problèmes sur les chronomètres. — Des longitudes et des latitudes. — Connaissance du ciel.

TOUSSAINT, avocat au Havre. — **CODE MANUEL DES CAPITAINES ET ARMATEURS DE LA MARINE MARCHANDE,** ou résumé de leurs droits et de leurs devoirs à terre et en cours de voyage dans leurs rapports avec le commerce et les administrations de la marine, des douanes et des contributions indirectes, suivi d'un répertoire alphabétique de toutes les matières avec renvoi aux numéros où elles sont expliquées. 1 très-fort vol. grand in-8.   12 f.

> Du capitaine maître ou patron. — Des pilotes lamaneurs. — Règles auxquelles est soumise l'existence des navires — Contrats auxquels peuvent donner lieu les navires. — Organisation de l'inscription maritime. — Classement des gens de mer. — Obligations et priviléges des gens de mer inscrits. — De la nomination du capitaine et de ses devoirs pour l'armement. — Affrétement et nolisement du navire. — Contrats et assurance du navire et du chargement. — Formalités relatives à l'expédition du navire. — Pièces dont le capitaine doit être muni à son départ. — De la sortie du port et du pilotage. — Responsabilité du capitaine et de l'armateur. — Armements pour la pêche de la morue, baleine et autres poissons. — Des convois et escortes. — Armements en course. — De l'émigration. — Des mers en temps de paix et en temps de guerre. — Discipline à bord. — Accidents qui arrêtent le voyage ou y mettent fin. — Des épaves. — Douanes dans les colonies. — Poids et monnaies des colonies. — Police des rades. — Retour des colonies. — Des consuls français. — Traités entre la France et les puissances étrangères. — Police des rades. — Police sanitaire. — Du rapport de mer. — Formalités relatives au déchargement et au payement des droits de douane. — Règlement des avaries. — Désarmement du navire. — Gages de l'équipage. — Droits de navigation.

VIEL, dessinateur au ministère de la marine. — **CONSTRUCTION DES BATIMENTS DE MER**; tracé, calculs de déplacement, stabilité hydrostatique, description et tracé d'une hélice à deux ailes doubles, surface de voilure, dimensions, nombre de bouches à feu et effectif de l'équipage de tous les types des bâtiments à vapeur, des canonnières et des batteries cuirassées. In-8 grand raisin accompagné de 34 planches gravées. *Seconde édition revue et augmentée de texte et de planches.* 15 fr.

Construction de l'échelle métrique. — Tracé d'un bâtiment et exécution des pièces les plus difficiles qui entrent dans sa construction. — Tracé intérieur de la membrure. — Arcasse. — Couples dévoyés. — Encolures des barres. — Pièce de tour. — Estains. — Cornière et barre de hourdi représentées en perspective. — Établissement de plusieurs ponts les uns au-dessus des autres.

Tableaux de déplacement d'une frégate à vapeur. — Application des formules de déplacement à des corps réguliers. — Exposant de charge. — Métacentres. — Expériences de stabilité. — Règlements de mâture. — Calculs du point vélique. — Formules de jaugeage. — Poids déterminé par suspension sur couteaux. — Réduction des mesures anciennes en parties décimales du mètre.

Tracé et boisage de la partie arrière des bâtiments poupes rondes. — Tracé et exécution des couples cylindriques. — Coupe transversale au maître-couple d'un vaisseau de premier rang, à vapeur, et nomenclature des pièces figurées dans cette description.

Tableau général donnant les dimensions, calculs de déplacement et stabilité, surfaces de voilure, nombres de bouches à feu et effectifs de tous les types des bâtiments à vapeur, des canonnières et des batteries cuirassées.

Ouvrage publié avec l'autorisation de S. Exc. M. le Ministre de la marine.

Paris. — Imprimerie de Mme Ve Bouchard-Huzard, rue de l'Éperon, 5.

ARTHUS BERTRAND, ÉDITEUR, A PARIS
LIBRAIRIE MARITIME ET SCIENTIFIQUE
21, RUE HAUTEFEUILLE.

L'ART NAVAL

ÉTAT ACTUEL DE LA MARINE

PAR

M. LE VICE-AMIRAL PÂRIS

DIRECTEUR GÉNÉRAL DU DÉPÔT DES CARTES ET PLANS DE LA MARINE,
MEMBRE DE L'INSTITUT, ACADÉMIE DES SCIENCES.

NAVIRES CUIRASSÉS — BLINDAGES — CONSTRUCTION —
TACTIQUE DE COMBAT — PAQUEBOTS — EMBARCATIONS, VOILURES,
DÉTAILS DIVERS — MACHINES MARINES — PROPULSEURS —
ARTILLERIE NOUVELLE

Un volume in-4, imprimé sur papier vélin fin et accompagné d'un bel Atlas
renfermant 21 planches in-folio gravées.

PRIX : 20 FRANCS

PROSPECTUS.

La marine produit des inventions si remarquables et montre aujour-
d'hui des perfectionnements et des nouveautés tellement importantes pour
la navigation comme pour la guerre, qu'il est aussi curieux qu'instructif
d'étudier les navires qui ont changé depuis peu les anciennes conditions
des voyages sur mer et qui ont dépassé ce qui semblait être les limites du
possible.

La matière elle-même a été changée, et le bois employé depuis tant de

siècles à construire les navires s'est vu en peu d'années remplacé par le fer.

Jamais époque maritime n'a été témoin de telles transformations, sous l'influence de l'échange rapide des idées et surtout de la puissance de la machine à vapeur, qui, elle aussi, grandit toujours; à peine croit-on ses limites posées qu'elle les dépasse presque aussitôt.

Une grande partie du nouvel ouvrage de l'amiral Pâris est consacrée aux navires cuirassés qui, nés depuis peu de l'initiative hardie de la France, changent tout à coup les conditions de la guerre et de la navigation, déjà modifiées par la vapeur. Cette lourde protection bouleverse nos anciens vaisseaux; elle place sur leurs flancs les poids situés autrefois vers le haut et modifie leurs qualités. Par la manière dont cette cuirasse fera combattre, elle supprime les voiles et réduit le navire à son combustible; six jours à toute vitesse! Elle localise donc la guerre maritime. Jamais époque maritime ne se montra plus extraordinaire et surtout n'apparut plus brusquement.

Mais ce qui a été fait n'a pas de bases certaines; car tandis que d'un côté on fait plier les vaisseaux sous leur cuirasse, de l'autre on invente des canons qui percent des plaques de plus en plus épaisses, et qui rendront le navire cuirassé de mer presque impossible, s'ils réussissent en pratique comme dans leurs courtes et récentes expériences.

Il a donc été intéressant, pour la marine, de réunir et de discuter tout ce que l'on sait sur ces nouvelles questions, et de consacrer la plus grande partie de ces pages au *premier* chapitre destiné aux navires cuirassés. Le *second* s'occupe des paquebots et cite les plus remarquables, en les détaillant assez pour les faire apprécier. Le *troisième* est destiné aux embarcations et à l'examen de divers accessoires. Le chapitre *quatrième* est consacré aux machines à vapeur marines et fait connaître l'application sur les navires des appareils du système de Woolf, pour réaliser des économies de combustible si importantes sur mer au point de vue de la dépense comme du rayon d'action des bâtiments à vapeur. Les propulseurs forment le chapitre *cinquième*. Enfin l'*artillerie nouvelle*, expériences et résultats, forme le dernier chapitre.

SUPPLÉMENT A L'ART NAVAL, OU DERNIÈRES INVENTIONS MARITIMES, d'après des documents récents. In-8 accompagné d'une table alphabétique des matières avec renvoi aux numéros, et de onze grandes planches gravées. 4 fr. 50 c.

Navires à tourelle du capitaine Coles. — Navires à tourelle américains. — Navires partiellement cuirassés de M. Read. — Navires à réduit du capitaine Symonds. — Manœuvre mécanique des canons, par le capitaine Cunningham. — Canon sous marin du capitaine Coles. — Le Royal Sovereing. — L'Entreprise. — Dernières expériences, etc., etc.

ON TROUVE CHEZ LE MÊME LIBRAIRE.

PARIS, vice-amiral. — DICTIONNAIRE DE MARINE A VAPEUR. — *Nouvelle édition.*

Propriétés physiques de la chaleur et de la vapeur, tables.
Nature et propriété des métaux, tables.
Physique et chimie appliquées.
Combustibles, leur qualité, leur emploi.
Conduite des feux et surveillance.
Forges et métallurgie.
Types de toutes les machines à vapeur.
Puissance des machines à vapeur.
Description des machines à vapeur.
Détail de toutes leurs pièces.
Chaudières, foyers, cheminées, chauffage.
Outils divers pour les machines.
Fonderies, tour, ajustage.
Machines-outils.
Confection et montage des machines.

Conduite, dressage et entretien des machines.
Appareils destinés à modérer la puissance des machines.
Mécanismes de changement de marche.
Roues à aubes, pales fixes et articulées.
Hélices, construction graphique et formes différentes.
Accessoires de l'hélice et détails.
Hélices fixes, hélices amovibles.
Pompes, leurs diverses espèces.
Avaries et réparations.
Batteries flottantes et navires cuirassés.
Navires à vapeur, mixte et en fer.
Navigation par la vapeur.
Machines à vapeur combinées.
Machines à air chaud.
Notices historiques sur les principaux inventeurs.

Cette nouvelle édition forme un très-fort volume in-8 jésus accompagné de 19 grandes planches gravées sur acier. 22 fr.

— **CATÉCHISME DU MARIN ET DU MÉCANICIEN A VAPEUR**, ou traité des machines à vapeur marines, de leur montage, de leur conduite, de la réparation de leurs avaries; 2ᵉ édition augmentée de la manœuvre des navires à aubes ou à hélice et d'une grande table alphabétique de tous les articles, avec renvoi aux numéros où ils sont traités. In-8 grand raisin avec de nombreuses figures dans le texte. 16 fr.
Ouvrage publié sous les auspices de S. Exc. M. le Ministre de la marine.

— **TRAITÉ DE L'HÉLICE PROPULSIVE**. 1 vol. in-8 jésus de 580 pages avec 9 grands tableaux et figures dans le texte, suivi d'une table alphabétique de tous les articles avec renvoi aux numéros où ils sont traités, accompagné de 16 grandes planches gravées. 22 fr.
Ouvrage publié sous les auspices de S. Exc. M. le Ministre de la marine.

— **UTILISATION ÉCONOMIQUE DES NAVIRES A VAPEUR**, moyens d'apprécier les services rendus par le combustible suivant la vitesse et la dimension des navires. 1 vol. grand in-8 accompagné de 25 tableaux et 12 grandes planches gravées, exposant les résultats des expériences et du service à la mer des navires. 8 fr.

ALONCLE, ancien élève de l'École polytechnique, capitaine d'artillerie de marine. — **ÉTUDES SUR L'ARTILLERIE RAYÉE DE MARINE, CONDITIONS INDISPENSABLES AU CANON DESTINÉ AU SERVICE DE LA FLOTTE**, l'artillerie rayée en France et en Angleterre. Opinions du commandant Robert Scott, du capitaine Frishbourne et de sir Williams Armstrong sur le meilleur canon pour la marine. Dernières expériences de Shœburyness. Résultats. Conclusion. Suivi de notes et e tableaux comparatifs. In-8 accompagné de 4 grandes planches gravées. 5 fr.

DE FREMINVILLE, ingénieur de la marine, professeur à l'École du génie maritime. — **COURS PRATIQUE DE MACHINES A VAPEUR MARINES**, professé à l'École d'application du génie maritime. 1 très-fort vol. grand in-8, avec figures dans le texte, accompagné d'un atlas renfermant 100 planches. 55 fr.
L'atlas se compose de 90 planches gravées, grand in-folio, représentant l'ensemble des machines et tous leurs détails, avec les cotes exactes à chaque pièce et 8 grands tableaux numériques de comparaison donnant la dimension juste et précise de chaque pièce. Pour chacune d'elles, l'auteur a établi la charge par centimètre carré qu'elle supporte d'un fonctionnement régulier. Ce travail de la plus grande utilité, n'avait jamais été publié jusqu'à présent.

— **TRAITÉ PRATIQUE DE CONSTRUCTION NAVALE**. 1 fort vol. in-8 accompagné de nombreuses figures dans le texte et d'un atlas grand in-folio renfermant 14 planches gravées. 23 fr.
Première partie. — Tracé des plans de navire et calculs qui s'y rapportent.
Deuxième partie. — Construction en bois.
Troisième partie. — Constructions en fer.
Donnant chacune la description très-détaillée des derniers types et des derniers modèles adoptés dans la construction navale, avec tous leurs accessoires.

DE LA PLANCHE, lieutenant de vaisseau. — **NOUVELLES BASES DE TACTIQUE**

NAVALE DES BATIMENTS A VAPEUR, ouvrage traduit du russe de l'amiral *Boulakoff*, 1 vol. in-8, avec de nombreuses figures dans le texte, et accompagné de 26 planches gravées, dont une grande partie en couleurs. 15 fr.

Ouvrage publié par les ordres de S. Exc. M. le Ministre de la marine.

MERLIN, maître voilier, chargé de la voilerie à Toulon. — **TRAITÉ PRATIQUE DE VOILURE**, ou exposé des méthodes simples et faciles pour calculer et couper toutes espèces de voiles. 1 vol. in-8, avec figures dans le texte, et accompagné de nombreux tableaux de coupes de laizes, de toiles, etc., etc., et de 7 grandes planches gravées. 5 fr.

Première partie. — Du plan de voilure et de ce qui est relatif aux dimensions des voiles.
Deuxième partie. — Du tracé et de la coupe des voiles.
Troisième partie. — Confections, réparations et modifications des voiles.

DELACOUR, ingénieur de la marine et directeur des constructions navales des Messageries impériales. — **ETUDE SUR LES MACHINES A VAPEUR MARINES ET LEURS PERFECTIONNEMENTS**, surchauffe de vapeur, grandes détentes, condensation par surface, haute pression, etc. Brochure in-8 avec figures. 2 fr.

DU TEMPLE, capitaine de frégate, directeur de l'Ecole des mécaniciens, à Brest. — **COURS COMPLET DE MACHINES A VAPEUR MARINES**, fait à Brest aux mécaniciens de la marine. 2 vol. grand in-8 accompagnés de 2 atlas renfermant 36 planches gravées.

Tome premier, avec un atlas de 15 planches. 7 fr. 50 c.
Arithmétique complète. — Géométrie. — Mécanique. — Physique. — Scaphandre.
Tome second, avec un atlas de 25 planches. 15 fr. 50 c.
Exposition générale des machines à vapeur. — Description. — Montage. — Conduite. — Travail. — Entretien et réparations. — Historique. — Tableaux divers.

GARRAUD, capitaine de frégate. — **ETUDES SUR LES BOIS DE CONSTRUCTION**. 1 beau vol. in-18 accompagné de figures dans le texte. 3 fr. 50 c.

Formation de végétaux. — Vie des arbres. — Terrains. — Coupe. — Dessiccation. — Ecorcement. — Vices des bois. — Qualités des bois. — Monographie des bois durs, résineux, bois blancs et bois fins. — Cubage des bois en grume, équarris, courbes. — Dendromètre. — Résistance des bois. — Conservation des bois. — Extraction des forêts. — Règles générales de recette des bois de mâture. — Tableau de l'âge moyen des arbres au moment de la coupe la plus avantageuse. — Tableau de la hauteur des arbres, de leur croissance annuelle et des terrains qui leur conviennent. — Tableau représentant les indices qui signalent les défectuosités des bois et l'influence des vices sur l'emploi ou le rejet d'une pièce. — Modèles de marchés avec le ministère de la marine.

BOURGOIS, capitaine de vaisseau. — **RÉFUTATION DU SYSTÈME DES VENTS DE MAURY**. In-8 accompagné de 3 planches gravées. 4 fr. 50 c.

REECH, directeur de l'Ecole du génie maritime. — **MÉMOIRE SUR LES MACHINES A VAPEUR** et leur application à la navigation. 1 vol. in-4 accompagné d'un grand atlas in-folio. 30 fr.

Faits d'expérience. — Théorie ordinaire. — Des machines à haute pression. — Des explosions et des dépôts salins ou terreux dans les chaudières. — De l'emploi des roues à aubes. — De la forme des bateaux à vapeur et de leurs dimensions absolues. — Des perfectionnements généraux à apporter dans le mécanisme.

GUILLOUD, professeur de mathématiques. — **COURS DE COSMOGRAPHIE**. 1 vol. in-8 avec planches. 3 fr.

LÉTOURNEUR, lieutenant de vaisseau. — **NOUVEAU GOUVERNAIL DE FORTUNE**. Broch. in-8 accompagnée d'une planche lithographiée. 1 fr. 50 c.

DUBOIS, professeur à l'Ecole navale impériale. — **COURS DE NAVIGATION ET D'HYDROGRAPHIE**. 1 très-fort vol. grand in-8 renfermant plus de 200 grandes figures intercalées dans le texte et 9 planches gravées. 15 fr.

De la boussole. — Des connaissances des temps. — Du cercle à réflexion. — Du sextant et de l'octant. — Des erreurs d'observations. — Des chronomètres. — Les régler. — Détermination de l'heure vraie ou moyenne d'un lieu à l'aide d'une hauteur du soleil ou d'un autre astre. — Détermination de la latitude et de la longitude. — Déterminer la variation du compas. — Des courants. — Des cartes marines.
Géodésie. — Détermination des positions géographiques des sommets principaux du canevas géodésique. — Du nivellement géodésique. — Lever d'une carte marine et d'un plan hydrographique. — Détails topographiques.

Paris. — Imprimé par E. Thunot et Cie, rue Racine, 26.